普通高中课程标准实验教科书

数学

选修 2—2

人民教育出版社　课程教材研究所
中学数学课程教材研究开发中心　编著

人民教育出版社

A版

普通高中课程标准实验教科书
数 学
选修 2－2
A 版
人民教育出版社 课程教材研究所
中学数学课程教材研究开发中心 编著
*
人 民 教 育 出 版 社 出 版
（北京市海淀区中关村南大街 17 号院 1 号楼 邮编：100081）
网址：http：//www.pep.com.cn
黑 龙 江 省 出 版 总 社 代 印
黑 龙 江 省 新 华 书 店 发 行
黑 龙 江 新 华 印 刷 二 厂 印 装
*
开本：890 毫米×1 240 毫米 1/16 印张：8 字数：170 000
2007 年 1 月第 2 版 2008 年 12 月黑龙江第 2 次印刷
印数：62 731（2009 春）
ISBN 978－7－107－20255－1
G・13305（课） 定价：7.27 元

主　　编：刘绍学
副 主 编：钱珮玲　章建跃

本册主编：钱珮玲
主要编者：钱珮玲　王　嵘　张劲松　郭慧清　李龙才　宋莉莉　杨照宇　蒋佩锦
责任编辑：李龙才
美术编辑：王俊宏　王　艾　张傲冰
封面设计：吴　敬

本 册 导 引

我们根据《普通高中数学课程标准（实验）》编写了这套实验教科书.

本书是高中数学选修课程系列 2 中的一个模块，包括“导数及其应用”“推理与证明”和“数系的扩充与复数的引入”三章内容. 微积分的创立是数学发展中的里程碑，它的发展和广泛应用开创了向近代数学过渡的新时期，为研究变量和函数提供了重要的方法和手段. 推理与证明是数学的基本思维过程，也是人们学习和生活中经常使用的思维方式. 数系的扩充过程体现了数学的发现和创造过程，同时体现了数学发展的客观需求和背景，复数的引入是中学阶段数系的又一次扩充.

导数和定积分都是微积分的核心概念，它们有着极其丰富的背景和广泛的应用. 第一章通过大量实例，引导同学们经历由平均变化率到瞬时变化率刻画现实问题的过程，体会导数的思想，理解导数的含义. 通过用导数研究函数的单调性、极值等性质和解决各种最优化问题，体会导数在解决数学问题和实际问题中的广泛应用和强大力量. 本章还初步介绍定积分的概念及其简单的应用，同学们也将初步体会定积分的思想及其丰富内涵，为进一步学习微积分打下基础. 此外，通过对微积分发展史的介绍，同学们可以体会到微积分在人类思想、文化发展史上的价值.

在第二章中，同学们将学习两种基本的推理——合情推理和演绎推理. 合情推理具有猜测和发现新结论、探求解决问题的思路的作用；演绎推理则具有证明结论，整理和建构知识体系的作用，是公理体系中的基本推理方法. 二者联系紧密、相辅相成. 同学们还将学习证明的两类基本方法——直接证明和间接证明，从中体会证明的功能和特点，了解数学证明的基本方法，感受逻辑证明在数学以及日常生活中的作用，养成言之有理、论证有据的习惯.

在第三章中，同学们将在问题情境中了解数系扩充的过程以及引入复数的必要性，学习复数的一些基本知识，体会人类理性思维在数系扩充中的作用.

学习始于疑问. 在本书中，我们将通过适当的问题情景，引出需要学习的数学内容，然后在“观察”“思考”“探究”等活动的带领下，引导同学们自己发现问题、提出问题，通过亲身实践、主动思维，经历不断的从具体到抽象、从特殊到一般的抽象概括活动来理解和掌握数学基础知识，打下坚实的数学基础.

学而不思则罔. 只有通过自己的独立思考，同时掌握科学的思维方法，才能真正学会数学. 在本书中，我们将利用数学内容之间的内在联系，特别是数学思想方法的一致性，启发和引导同学们学习类比、推广、特殊化、化归等数学思考的常用逻辑方法，使大家学会数学思考与推理，在数学思维能力上有一个大的提高.

学习的目的在于应用. 在本书中，我们将努力为同学们提供应用数学知识解决各种数学内外问题的机会，以使同学们加深对数学概念本质的理解，认识数学知识与实际的联系性，并学会用数学解决一些实际问题. 另外，我们还开辟了“阅读与思考”“探究与发现”“信息技术应用”等拓展性栏目，为大家提供选学素材，有兴趣的同学可以自主选择其中的一些内容进行探究.

祝愿同学们通过本册书的学习，不但学到更多的数学知识，而且在数学能力、用数学解决问题的能力等方面都有较大提高，并培养起更高的数学学习兴趣，形成对数学的更加全面的认识.

本书部分数学符号

$x \to a$	x 趋于 a
Δx	x 的增量
$f'(a)$	函数 f 的导（函）数在 a 的值
$\int_a^b f(x)\mathrm{d}x$	函数 f 由 a 到 b 的定积分
$\sum_{i=1}^{n} a_i$	$a_1+a_2+\cdots+a_n$
i	虚数单位
$\mathbf{C}$	复数集
z，$a+b\mathrm{i}$	复数 z，实部为 a，虚部为 b 的复数

目录

第一章　导数及其应用 ………………………… 1

1.1 变化率与导数 ………………………… 2

1.2 导数的计算 ………………………… 12

探究与发现　牛顿法——用导数方法求方程的近似解 ………………………… 20

1.3 导数在研究函数中的应用 ………………………… 22

信息技术应用　图形技术与函数性质 ………………………… 33

1.4 生活中的优化问题举例 ………………………… 34

1.5 定积分的概念 ………………………… 38

信息技术应用　曲边梯形的面积 ………………………… 48

1.6 微积分基本定理 ………………………… 51

1.7 定积分的简单应用 ………………………… 56

实习作业　走进微积分 ………………………… 61

小结 ………………………… 63

复习参考题 ………………………… 65

第二章　推理与证明 …………………………………… 69

2.1 合情推理与演绎推理 ……………………………… 70

阅读与思考　平面与空间中的余弦定理………………… 82

2.2 直接证明与间接证明 ……………………………… 85

2.3 数学归纳法 ………………………………………… 92

小结 ……………………………………………………… 97

复习参考题 ……………………………………………… 98

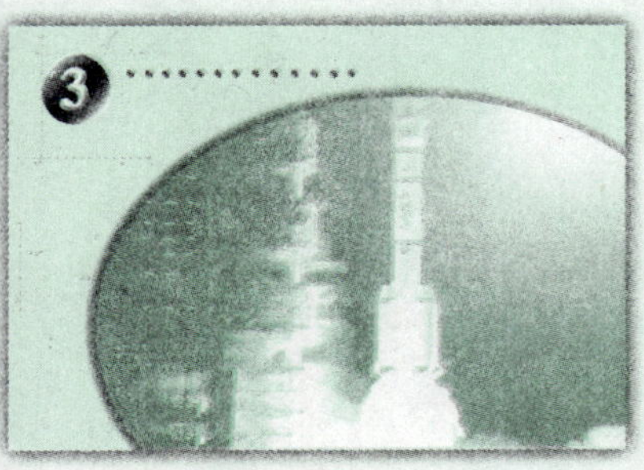

第三章　数系的扩充与复数的引入 ……………… 101

3.1 数系的扩充和复数的概念 ………………………… 102

3.2 复数代数形式的四则运算 ………………………… 107

阅读与思考　代数基本定理 ………………………… 113

小结………………………………………………………… 115

复习参考题………………………………………………… 116

你看过高台跳水比赛吗？

照片中锁定了运动员比赛的瞬间．已知起跳t s后，运动员相对于水面的高度h（单位：m）可用函数$h(t)=-4.9t^2+6.5t+10$表示．如何求他在某一时刻的速度？他距水面的最大高度是多少？

第一章 导数及其应用

- 1.1 变化率与导数
- 1.2 导数的计算
- 1.3 导数在研究函数中的应用
- 1.4 生活中的优化问题举例
- 1.5 定积分的概念
- 1.6 微积分基本定理
- 1.7 定积分的简单应用

为了描写现实世界中运动、变化着的现象，在数学中引入了函数.刻画静态现象的数与刻画动态现象的函数都是数学中非常重要的概念.随着对函数的研究的不断深化，产生了微积分，它是数学发展史上继欧氏几何后的又一个具有划时代意义的伟大创造，被誉为数学史上的里程碑.

微积分的创立与处理四类科学问题直接相关.一是已知物体运动的路程作为时间的函数，求物体在任意时刻的速度与加速度，反之，已知物体的加速度作为时间的函数，求速度与路程；二是求曲线的切线；三是求函数的最大值与最小值；四是求长度、面积、体积和重心等.几百年中，科学家们对这些问题的兴趣和研究经久不衰. 终于，在17世纪中叶，牛顿和莱布尼兹在前人探索与研究的基础上，凭着他们敏锐的直觉和丰富的想象力，各自独立地创立了微积分.

导数是微积分的核心概念之一.它是研究函数增减、变化快慢、最大(小)值等问题的最一般、最有效的工具，因而也是解决诸如运动速度、物种繁殖率、绿化面积增长率，以及用料最省、利润最大、效率最高等实际问题的最有力的工具.定积分也是微积分的核心概念之一，与导数相比，定积分的起源要早得多，它的思想萌芽甚至可以追溯到两千多年前.自然科学和生产实践中的许多问题，如一般平面图形的面积、变速直线运动的路程、变力所作的功等都可以归结为定积分的问题.实际上，微积分在物理、化学、生物、天文、地理以及经济等各种科学领域中都有非常广泛而重要的应用.

在本章，我们将利用丰富的背景与大量实例，学习导数和定积分的基本概念与思想方法；通过应用导数研究函数性质、解决生活中的最优化问题等实践活动，通过应用定积分解决一些简单的几何和物理问题，初步感受导数和定积分在解决数学问题与实际问题中的作用；通过微积分基本定理的学习，初步体会导数与定积分之间的内在联系.

1.1 变化率与导数

丰富多彩的变化率问题随处可见．让我们从其中的两个问题，开始变化率与导数的学习吧！

1.1.1 变化率问题

问题 1　气球膨胀率

很多人都吹过气球．回忆一下吹气球的过程，可以发现，随着气球内空气容量的增加，气球的半径增加得越来越慢．从数学的角度，如何描述这种现象呢？

我们知道，气球的体积 V（单位：L）与半径 r（单位：dm）之间的函数关系是

$$V(r)=\frac{4}{3}\pi r^{3},$$

如果将半径 r 表示为体积 V 的函数，那么

$$r(V)=\sqrt[3]{\frac{3V}{4\pi}}.$$

当空气容量 V 从 0 增加到 1 L 时，气球半径增加了

$$r(1)-r(0)\approx 0.62\ (\mathrm{dm}),$$

气球的平均膨胀率为

$$\frac{r(1)-r(0)}{1-0}\approx 0.62\ (\mathrm{dm/L}).$$

类似地，当空气容量 V 从 1 L 增加到 2 L 时，气球半径增加了

$$r(2)-r(1)\approx 0.16\ (\mathrm{dm}),$$

气球的平均膨胀率为

$$\frac{r(2)-r(1)}{2-1}\approx 0.16\ (\mathrm{dm/L}).$$

可以看出，随着气球体积逐渐变大，它的平均膨胀率逐渐变小了．

思考

当空气容量从 V_1 增加到 V_2 时，气球的平均膨胀率是多少？

问题 2　高台跳水

人们发现，在高台跳水运动中，运动员相对于水面的高度 h（单位：m）与起跳后的时间 t（单位：s）存在函数关系

$$h(t)=-4.9\,t^2+6.5\,t+10.$$

如果我们用运动员在某段时间内的平均速度 $\overline{v}$ 描述其运动状态，那么：

在 $0\leqslant t\leqslant 0.5$ 这段时间里，

$$\overline{v}=\frac{h(0.5)-h(0)}{0.5-0}=4.05\ (\text{m/s});$$

在 $1\leqslant t\leqslant 2$ 这段时间里，

$$\overline{v}=\frac{h(2)-h(1)}{2-1}=-8.2\ (\text{m/s}).$$

探究

计算运动员在 $0\leqslant t\leqslant \frac{65}{49}$ 这段时间里的平均速度，并思考下面的问题：

(1) 运动员在这段时间里是静止的吗？

(2) 你认为用平均速度描述运动员的运动状态有什么问题吗？

如果上述两个问题中的函数关系用 $y=f(x)$ 表示，那么问题中的变化率可用式子

$$\frac{f(x_2)-f(x_1)}{x_2-x_1}$$

表示，我们把这个式子称为函数 $y=f(x)$ 从 x_1 到 x_2 的**平均变化率**（average rate of change）. 习惯上用 Δx❶ 表示 x_2-x_1，即

$$\Delta x=x_2-x_1,$$

可把 Δx 看作是相对于 x_1 的一个“增量”，可用 $x_1+\Delta x$ 代替 x_2；类似地，

$$\Delta y=f(x_2)-f(x_1).$$

于是，平均变化率可以表示为

$$\frac{\Delta y}{\Delta x}.$$

❶ Δx 是一个整体符号，而不是 Δ 与 x 相乘.

思考

观察函数 $y=f(x)$ 的图象（图 1.1-1），平均变化率

$$\frac{\Delta y}{\Delta x}=\frac{f(x_2)-f(x_1)}{x_2-x_1}$$

表示什么？

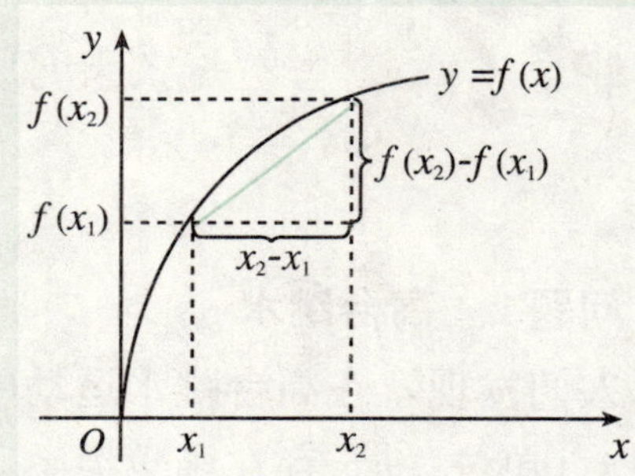

图 1.1-1

1.1.2　导数的概念

在高台跳水运动中，运动员在不同时刻的速度是不同的．我们把物体在某一时刻的速度称为**瞬时速度**（instantaneous velocity）．运动员的平均速度不一定能反映他（她）在某一时刻的瞬时速度．那么，如何求运动员的瞬时速度呢？比如，$t=2$ 时的瞬时速度是多少？

我们先考察 $t=2$ 附近的情况．在 $t=2$ 之前或之后，任意取一个时刻 $2+\Delta t$，Δt 是时间改变量，可以是正值，也可以是负值，但不为 0．当 $\Delta t<0$ 时，$2+\Delta t$ 在 2 之前；当 $\Delta t>0$ 时，$2+\Delta t$ 在 2 之后．计算区间 $[2+\Delta t, 2]$ 和区间 $[2, 2+\Delta t]$ 内的平均速度 $\bar{v}$，可以得到如下表格．

$\Delta t<0$ 时，在 $[2+\Delta t, 2]$ 这段时间内	$\Delta t>0$ 时，在 $[2, 2+\Delta t]$ 这段时间内
$\bar{v}=\frac{h(2)-h(2+\Delta t)}{2-(2+\Delta t)}=\frac{4.9\Delta t^2+13.1\Delta t}{-\Delta t}$ $=-4.9\Delta t-13.1$	$\bar{v}=\frac{h(2+\Delta t)-h(2)}{(2+\Delta t)-2}=\frac{-4.9\Delta t^2-13.1\Delta t}{\Delta t}$ $=-4.9\Delta t-13.1$
当 $\Delta t=-0.01$ 时，$\bar{v}=-13.051$；	当 $\Delta t=0.01$ 时，$\bar{v}=-13.149$；
当 $\Delta t=-0.001$ 时，$\bar{v}=-13.095\,1$；	当 $\Delta t=0.001$ 时，$\bar{v}=-13.104\,9$；
当 $\Delta t=-0.000\,1$ 时，$\bar{v}=-13.099\,51$；	当 $\Delta t=0.000\,1$ 时，$\bar{v}=-13.100\,49$；
当 $\Delta t=-0.000\,01$ 时，$\bar{v}=-13.099\,951$；	当 $\Delta t=0.000\,01$ 时，$\bar{v}=-13.100\,049$；
当 $\Delta t=-0.000\,001$ 时，$\bar{v}=-13.099\,995\,1$；	当 $\Delta t=0.000\,001$ 时，$\bar{v}=-13.100\,004\,9$；
……	……

观察

当 Δt 趋近于 0 时，平均速度 $\bar{v}$ 有什么样的变化趋势？

我们发现，当 Δt 趋近于 0 时，即无论 t 从小于 2 的一边，还是从大于 2 的一边趋近于 2 时，平均速度都趋近于一个确定的值 -13.1.

从物理的角度看，时间间隔 $|\Delta t|$ 无限变小时，平均速度 $\bar{v}$ 就无限趋近于 $t=2$ 时的瞬时速度．因此，运动员在 $t=2$ 时的瞬时速度是 -13.1 m/s.

为了表述方便，我们用

$$\lim_{\Delta t \to 0} \frac{h(2+\Delta t)-h(2)}{\Delta t}=-13.1 ❶$$

表示"当 $t=2$，Δt 趋近于 0 时，平均速度 $\bar{v}$ 趋近于确定值 -13.1".

❶ 我们称确定值 -13.1 是 $\dfrac{h(2+\Delta t)-h(2)}{\Delta t}$ 当 Δt 趋近于 0 时的极限.

探究

1. 运动员在某一时刻 t_0 的瞬时速度怎样表示？
2. 函数 $f(x)$ 在 $x=x_0$ 处的瞬时变化率怎样表示？

一般地，函数 $y=f(x)$ 在 $x=x_0$ 处的瞬时变化率是

$$\lim_{\Delta x \to 0} \frac{\Delta y}{\Delta x}=\lim_{\Delta x \to 0} \frac{f(x_0+\Delta x)-f(x_0)}{\Delta x},$$

我们称它为函数 $y=f(x)$ 在 $x=x_0$ 处的**导数**（derivative），记作 $f'(x_0)$ 或 $y'|_{x=x_0}$❷，即

$$f'(x_0)=\lim_{\Delta x \to 0} \frac{\Delta y}{\Delta x}=\lim_{\Delta x \to 0} \frac{f(x_0+\Delta x)-f(x_0)}{\Delta x}.$$

❷ $y'|_{x=x_0}$ 表示函数 y 关于自变量 x 在 x_0 处的导数.

17 世纪，力学、航海、天文等方面取得了突飞猛进的发展，这些发展对数学提出了新的要求，它们突出地表现为本章引言中提到的四类问题，其中的两类问题直接导致了导数的产生：一是根据物体的路程关于时间的函数求速度和加速度；二是求已知曲线的切线.

由导数的定义，我们知道，高度 h 关于时间 t 的导数就是运动员的瞬时速度；气球半径 r 关于体积 V 的导数就是气球的瞬时膨胀率.

实际上，导数可以描述任何事物的瞬时变化率，如效率、国内生产总值 GDP（Gross Domestic Product 的缩写）的增长率，等等.

例 1 将原油精炼为汽油、柴油、塑胶等各种不同产品，需要对原油进行冷却和加热．如果在第 x h时，原油的温度（单位:℃）为 $y=f(x)=x^2-7x+15$（$0\leqslant x\leqslant 8$）．计算第 2 h与第6 h时，原油温度的瞬时变化率，并说明它们的意义．

解：在第 2 h和第6 h时，原油温度的瞬时变化率就是 $f'(2)$和 $f'(6)$．

根据导数的定义，

$$\frac{\Delta y}{\Delta x}=\frac{f(2+\Delta x)-f(2)}{\Delta x}$$

$$=\frac{(2+\Delta x)^2-7(2+\Delta x)+15-(2^2-7\times 2+15)}{\Delta x}$$

$$=\frac{4\Delta x+(\Delta x)^2-7\Delta x}{\Delta x}=\Delta x-3,$$

所以，

$$f'(2)=\lim_{\Delta x\to 0}\frac{\Delta y}{\Delta x}=\lim_{\Delta x\to 0}(\Delta x-3)=-3.$$

同理可得

$$f'(6)=5 ❶.$$

在第 2 h与第 6 h时，原油温度的瞬时变化率分别为−3与 5．它说明在第 2 h附近，原油温度大约以 3 ℃/h 的速率下降；在第 6 h附近，原油温度大约以 5 ℃/h 的速率上升．

一般地，$f'(x_0)$反映了原油温度在时刻 x_0 附近的变化情况．

❶ 请同学们自己完成具体运算过程．

练　习

计算第 3 h 和第 5 h 时原油温度的瞬时变化率，并说明它们的意义．

1.1.3 导数的几何意义

我们知道，导数 $f'(x_0)$表示函数 $f(x)$在 $x=x_0$ 处的瞬时变化率，反映了函数 $f(x)$在 $x=x_0$ 附近的变化情况．那么，导数$f'(x_0)$的几何意义是什么呢？

观察

如图 1.1-2，当点 $P_n(x_n, f(x_n))(n=1, 2, 3, 4)$ 沿着曲线 $f(x)$ 趋近于点 $P(x_0, f(x_0))$ 时，割线 PP_n 的变化趋势是什么？

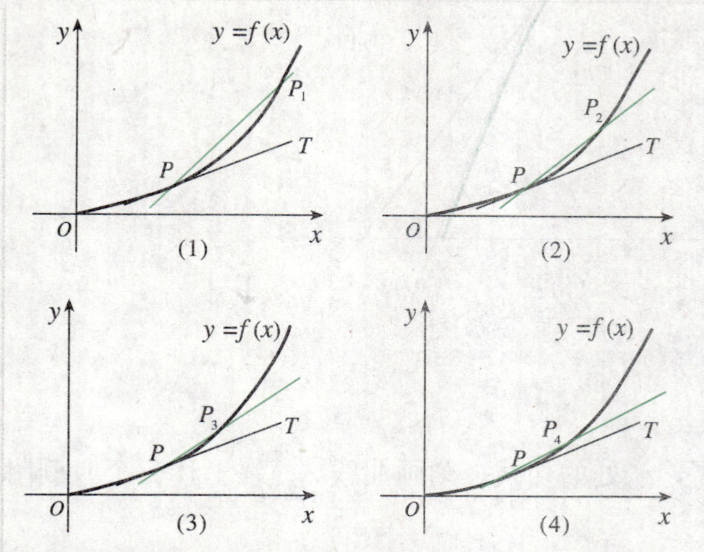

图 1.1-2

利用信息技术工具，演示图 1.1-2 中 PP_n 的动态变化效果．做一做，看一看！

我们发现，当点 P_n 趋近于点 P 时，割线 PP_n 趋近于确定的位置，这个确定位置的直线 PT 称为点 P 处的**切线**❶ (tangent line)．值得关注的问题是，割线 PP_n 的斜率与切线 PT 的斜率 k 有什么关系呢？

❶ 此处切线定义与以前学过的切线定义有什么不同？

容易知道，割线 PP_n 的斜率是

$$k_n=\frac{f(x_n)-f(x_0)}{x_n-x_0}.$$

当点 P_n 无限趋近于点 P 时，k_n 无限趋近于切线 PT 的斜率．因此，函数 $f(x)$ 在 $x=x_0$ 处的导数就是切线 PT 的斜率 k，即

$$k=\lim_{\Delta x\to 0}\frac{f(x_0+\Delta x)-f(x_0)}{\Delta x}=f'(x_0).$$

继续观察图 1.1-2，可以发现，在点 P 附近，PP_2 比 PP_1 更贴近曲线 $f(x)$，PP_3 比 PP_2 更贴近曲线 $f(x)$……过点 P 的切线 PT 最贴近点 P 附近的曲线 $f(x)$．因此，在点 P 附近，曲线 $f(x)$ 就可以用过点 P 的切线 PT 近似代替❷．

❷ 数学上常用简单的对象刻画复杂的对象．例如，用有理数 3.141 6 近似代替无理数 π．这里，我们用曲线上某点处的切线近似代替这一点附近的曲线，这是微积分中重要的思想方法——以直代曲．

例 2 如图 1.1-3，它表示跳水运动中高度随时间变化的函数 $h(t)=-4.9t^2+6.5t+10$ 的图象．根据图象，请描述、比较曲线 $h(t)$ 在 t_0，t_1，t_2 附近的变化情况．

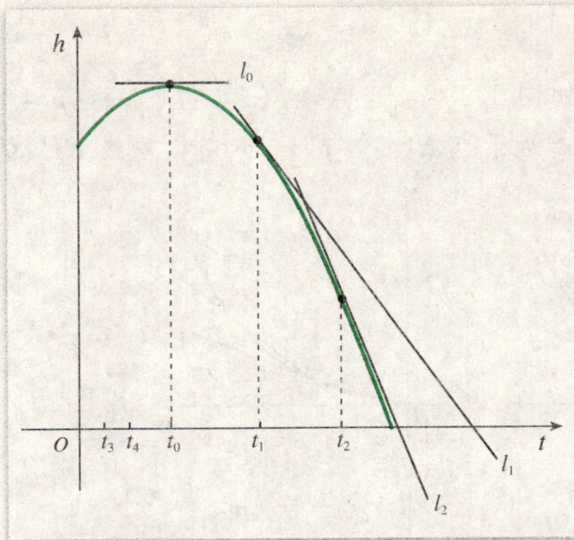

图 1.1-3

解： 我们用曲线 $h(t)$在 t_0，t_1，t_2 处的切线，刻画曲线$h(t)$在上述三个时刻附近的变化情况.

(1) 当 $t=t_0$ 时，曲线 $h(t)$在 t_0 处的切线 l_0 平行于 x 轴. 所以，在 $t=t_0$ 附近曲线比较平坦，几乎没有升降.

(2) 当 $t=t_1$ 时，曲线 $h(t)$在 t_1 处的切线 l_1 的斜率$h'(t_1)<0$. 所以，在 $t=t_1$ 附近曲线下降，即函数 $h(t)$在$t=t_1$附近单调递减.

(3) 当 $t=t_2$ 时，曲线 $h(t)$在 t_2 处的切线 l_2 的斜率$h'(t_2)<0$. 所以，在 $t=t_2$ 附近曲线下降，即函数 $h(t)$在$t=t_2$附近也单调递减.

从图 1.1-3 可以看出，直线 l_1 的倾斜程度小于直线 l_2 的倾斜程度，这说明曲线 $h(t)$在 t_1 附近比在 t_2 附近下降得缓慢.

练 习

根据图 1.1-3，描述函数 $h(t)$在 t_3 和 t_4 附近增(减)以及增(减)快慢的情况.

例 3 如图 1.1-4，它表示人体血管中药物浓度$c=f(t)$（t 的单位：min，c 的单位：mg/mL）随时间 t 变化的函数图象. 根据图象，估计 $t=0.2$，0.4，0.6，0.8 min 时，血管中药物浓度的瞬时变化率（精确到 0.1）.

解： 血管中某一时刻药物浓度的瞬时变化率，就是药物浓度 $f(t)$在此时刻的导数. 从图象上看，它表示曲线 $f(t)$在此点处的切线的斜率.

如图 1.1-4，画出曲线上某点处的切线，利用网格估计这条切线的斜率，可以得到此时刻药物浓度瞬时变化率的近似值.

作 $t=0.8$ 处的切线，并在切线上取两点，如(0.7，0.91)，(1.0，0.48)，则该切线的

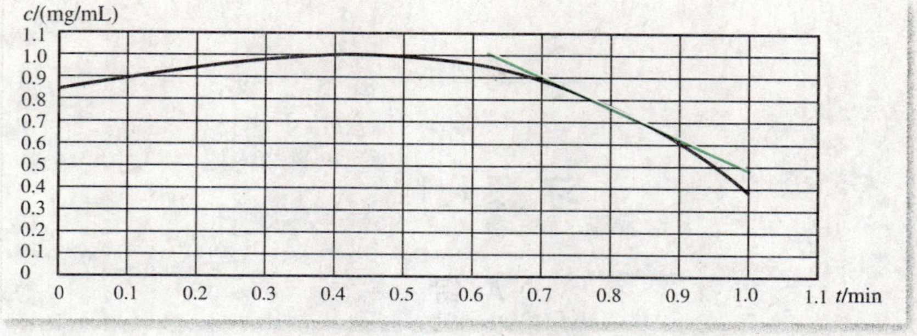

图 1.1-4

斜率约为

$$k=\frac{0.48-0.91}{1.0-0.7}\approx-1.4,$$

所以

$$f'(0.8)\approx-1.4.$$

下表给出了药物浓度瞬时变化率的估计值，验证一下，这些值是否正确.

t	0.2	0.4	0.6	0.8
药物浓度的瞬时变化率 $f'(t)$	0.4	0	-0.7	-1.4

从求函数 $f(x)$ 在 $x=x_0$ 处导数的过程可以看到，当 $x=x_0$ 时，$f'(x_0)$ 是一个确定的数. 这样，当 x 变化时，$f'(x)$ 便是 x 的一个函数，我们称它为 $f(x)$ 的**导函数**（derivative function）（简称**导数**）. $y=f(x)$ 的导函数有时也记作 y'，即

$$f'(x)=y'=\lim_{\Delta x\to 0}\frac{f(x+\Delta x)-f(x)}{\Delta x}.$$

练 习

利用信息技术工具，画出函数 $r(V)=\sqrt[3]{\frac{3V}{4\pi}}$ $(0\leqslant V\leqslant 5)$ 的图象，并根据其图象，估计 $V=0.6$，1.2 时，气球的瞬时膨胀率.

习题1.1

A 组

1. 国家环保总局对长期超标准排放污物，污染严重而又未进行治理的单位，规定出一定期限，强令在此期限内完成排污治理. 右图是国家环保总局在规定的排污达标日期前，对甲、乙两家企业连续检测的结果（W表示排污量），哪个企业治理的效率比较高？为什么？

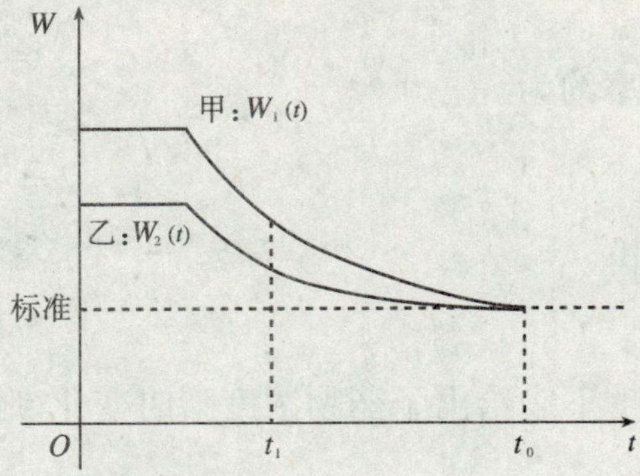

（第 1 题）

2. 在高台跳水运动中，t s时运动员相对于水面的高度（单位：m）是 $h(t)=-4.9t^2+6.5t+10$，求高台跳水运动中运动员在 $t=1$ s时的瞬时速度，并解释此时的运动状况.
3. 一个质量 $m=3$ kg 的物体作直线运动，设运动距离 s（单位：m）与时间 t（单位：s）的关系可用函数 $s(t)=1+t^2$表示，并且物体的动能 $E_k=\frac{1}{2}mv^2$. 求物体开始运动后第 5 s时的动能.
4. 已知车轮旋转的角度与时间的平方成正比. 如果车轮启动后转动第一圈需要 0.8 s，求转动开始后第 3.2 s时的瞬时角速度.

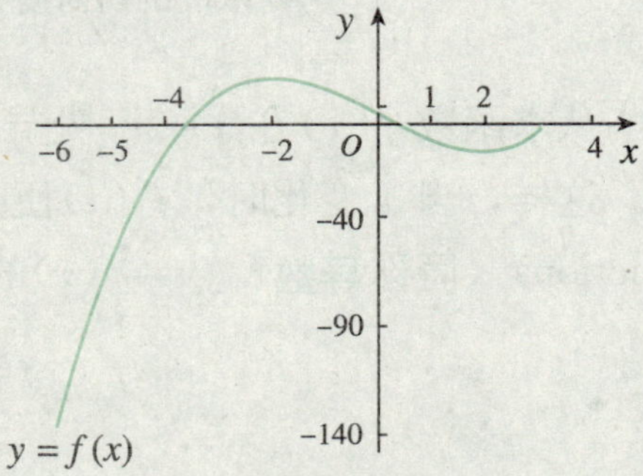

（第 5 题）

5. 如图，试描述函数 $f(x)$在 $x=-5$，-4，-2，0，1 附近的变化情况.
6. 已知函数 $f(x)$的图象，试画出其导函数 $f'(x)$图象的大致形状.

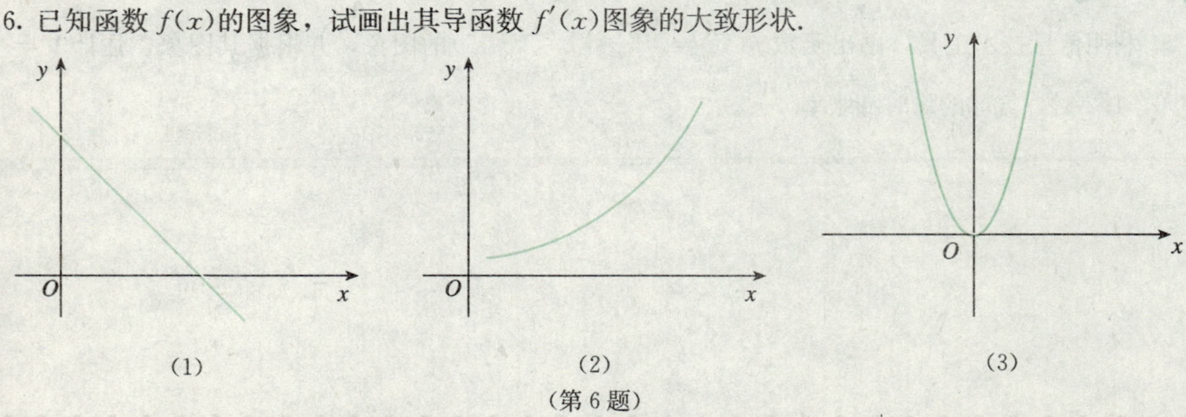

（第 6 题）

B 组

1. 在高台跳水运动中，t s时运动员相对于水面的高度（单位：m）是 $h(t)=-4.9t^2+6.5t+10$. 高度 h 关于时间 t 的导数是速度 v，速度 v 关于时间 t 的导数是什么？

2. 根据下面的文字叙述，画出相应的路程关于时间的函数图象的大致形状.

   (1) 汽车在笔直的公路上匀速行驶；

   (2) 汽车在笔直的公路上不断加速行驶；

   (3) 汽车在笔直的公路上不断减速行驶.

（第 2 题）

3. 根据下列条件，分别画出函数图象在这点附近的大致形状：

   (1) $f(1)=-5$，$f'(1)=-1$；

   (2) $f(5)=10$，$f'(5)=15$；

   (3) $f(10)=20$，$f'(10)=0$.

1.2 导数的计算

1.2.1 几个常用函数的导数

我们知道，导数的几何意义是曲线在某一点处的切线的斜率，物理意义是运动物体在某一时刻的瞬时速度．那么，对于函数$y=f(x)$，如何求它的导数呢？

根据导数的定义，求函数 $y=f(x)$的导数，就是求出当 Δx 趋近于 0 时，$\frac{\Delta y}{\Delta x}$所趋于的那个定值．

下面我们求几个常用函数的导数．

1. 函数 $y=f(x)=c$ 的导数

因为

$$\frac{\Delta y}{\Delta x}=\frac{f(x+\Delta x)-f(x)}{\Delta x}=\frac{c-c}{\Delta x}=0,$$

所以

$$y'=\lim_{\Delta x\to 0}\frac{\Delta y}{\Delta x}=\lim_{\Delta x\to 0}0=0.$$

若 $y=c$（图 1.2-1）表示路程关于时间的函数，则$y'=0$可以解释为某物体的瞬时速度始终为 0，即一直处于静止状态．

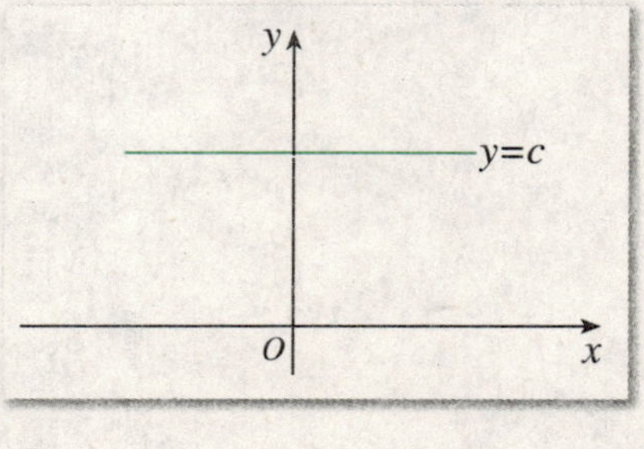

图 1.2-1

2. 函数 $y=f(x)=x$ 的导数

因为

$$\frac{\Delta y}{\Delta x}=\frac{f(x+\Delta x)-f(x)}{\Delta x}=\frac{x+\Delta x-x}{\Delta x}=1,$$

所以

$$y'=\lim_{\Delta x\to 0}\frac{\Delta y}{\Delta x}=\lim_{\Delta x\to 0}1=1.$$

若 $y=x$（图 1.2-2）表示路程关于时间的函数，则$y'=1$可以解释为某物体做瞬时速度为 1 的匀速直线运动．

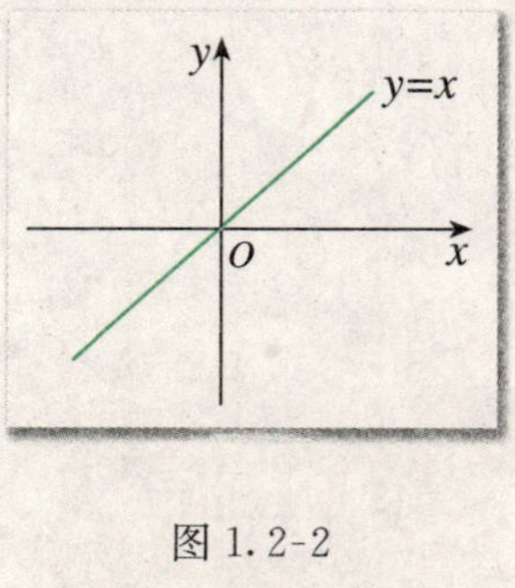

图 1.2-2

探究

在同一平面直角坐标系中，画出函数 $y=2x$，$y=3x$，$y=4x$ 的图象，并根据导数定义，求它们的导数.

(1) 从图象上看，它们的导数分别表示什么？

(2) 这三个函数中，哪一个增加得最快？哪一个增加得最慢？

(3) 函数 $y=kx$ $(k\neq 0)$ 增（减）的快慢与什么有关？

3. 函数 $y=f(x)=x^2$ 的导数

因为

$$\begin{aligned}\frac{\Delta y}{\Delta x}&=\frac{f(x+\Delta x)-f(x)}{\Delta x}=\frac{(x+\Delta x)^2-x^2}{\Delta x}\\&=\frac{x^2+2x\cdot\Delta x+(\Delta x)^2-x^2}{\Delta x}\\&=2x+\Delta x,\end{aligned}$$

所以

$$y'=\lim_{\Delta x\to 0}\frac{\Delta y}{\Delta x}=\lim_{\Delta x\to 0}(2x+\Delta x)=2x.$$

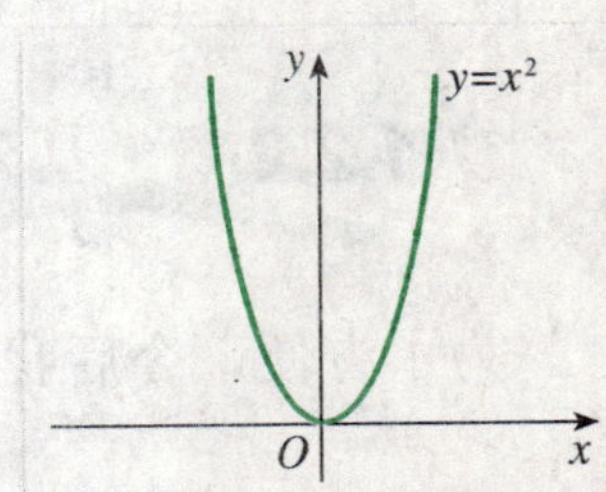

图 1.2-3

$y'=2x$ 表示函数 $y=x^2$ 图象（图 1.2-3）上点 (x, y) 处切线的斜率为 $2x$，说明随着 x 的变化，切线的斜率也在变化. 另一方面，从导数作为函数在一点的瞬时变化率来看，$y'=2x$ 表明：当 $x<0$ 时，随着 x 的增加，$y=x^2$ 减少得越来越慢；当 $x>0$ 时，随着 x 的增加，$y=x^2$ 增加得越来越快. 若 $y=x^2$ 表示路程关于时间的函数，则 $y'=2x$ 可以解释为某物体作变速运动，它在时刻 x 的瞬时速度为 $2x$.

4. 函数 $y=f(x)=\frac{1}{x}$ 的导数

因为

$$\begin{aligned}\frac{\Delta y}{\Delta x}&=\frac{f(x+\Delta x)-f(x)}{\Delta x}=\frac{\frac{1}{x+\Delta x}-\frac{1}{x}}{\Delta x}\\&=\frac{x-(x+\Delta x)}{x(x+\Delta x)\Delta x}=-\frac{1}{x^2+x\cdot\Delta x},\end{aligned}$$

所以

$$y'=\lim_{\Delta x\to 0}\frac{\Delta y}{\Delta x}=\lim_{\Delta x\to 0}\left(-\frac{1}{x^2+x\cdot\Delta x}\right)=-\frac{1}{x^2}.$$

探究

画出函数 $y=\frac{1}{x}$ 的图象．根据图象，描述它的变化情况，并求出曲线在点(1，1)处的切线方程．

5．函数 $y=f(x)=\sqrt{x}$ 的导数

因为

$$\frac{\Delta y}{\Delta x}=\frac{f(x+\Delta x)-f(x)}{\Delta x}=\frac{\sqrt{x+\Delta x}-\sqrt{x}}{\Delta x}$$

$$=\frac{(\sqrt{x+\Delta x}-\sqrt{x})(\sqrt{x+\Delta x}+\sqrt{x})}{\Delta x(\sqrt{x+\Delta x}+\sqrt{x})}$$

$$=\frac{1}{\sqrt{x+\Delta x}+\sqrt{x}},$$

所以

$$y'=\lim_{\Delta x\to 0}\frac{\Delta y}{\Delta x}=\lim_{\Delta x\to 0}\frac{1}{\sqrt{x+\Delta x}+\sqrt{x}}=\frac{1}{2\sqrt{x}}.$$

1.2.2 基本初等函数的导数公式及导数的运算法则

为了方便，今后我们可以直接使用下面的基本初等函数的导数公式表．

基本初等函数的导数公式

1. 若 $f(x)=c$（c 为常数），则 $f'(x)=0$；
2. 若 $f(x)=x^n(n\in \mathbf{Q}^*)$，则 $f'(x)=nx^{n-1}$；
3. 若 $f(x)=\sin x$，则 $f'(x)=\cos x$；
4. 若 $f(x)=\cos x$，则 $f'(x)=-\sin x$；
5. 若 $f(x)=a^x$，则 $f'(x)=a^x\ln a$；
6. 若 $f(x)=\mathrm{e}^x$，则 $f'(x)=\mathrm{e}^x$；
7. 若 $f(x)=\log_a x$，则 $f'(x)=\frac{1}{x\ln a}$；
8. 若 $f(x)=\ln x$，则 $f'(x)=\frac{1}{x}$．

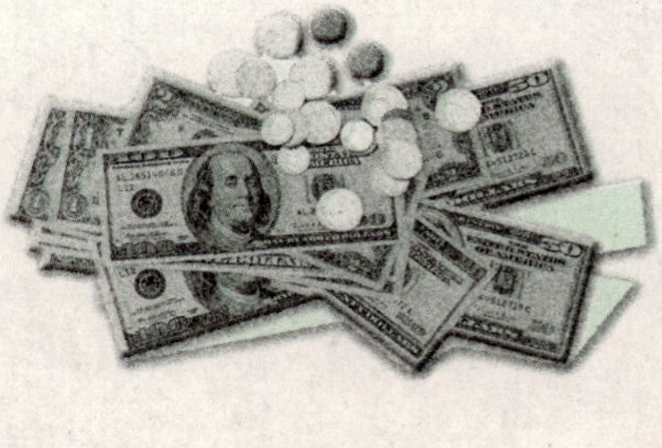

例 1　假设某国家在 20 年期间的年均通货膨胀率为 5%，物价 p（单位：元）与时间 t（单位：年）有如下函数关系

$$p(t)=p_0(1+5\%)^t,$$

其中 p_0 为 $t=0$ 时的物价．假定某种商品的 $p_0=1$，那么在第 10 个年头，这种商品的价格上涨的速度大约是多少（精确到 0.01）？

解： 根据基本初等函数导数公式表，有

$$p'(t)=1.05^t\ln 1.05.$$

所以

$$p'(10)=1.05^{10}\ln 1.05\approx 0.08\ (\text{元/年}).$$

因此，在第 10 个年头，这种商品的价格约以0.08 元/年的速度上涨．

思考

如果上式中某种商品的 $p_0=5$，那么在第 10 个年头，这种商品的价格上涨的速度大约是多少？

当 $p_0=5$ 时，$p(t)=5\times 1.05^t$．这时，求 p 关于 t 的导数可以看成求函数 $f(t)=5$ 与 $g(t)=1.05^t$ 乘积的导数．下面的“导数运算法则”可以帮助我们解决两个函数加、减、乘、除的求导问题．

导数运算法则

1. $[f(x)\pm g(x)]'=f'(x)\pm g'(x)$；
2. $[f(x)\cdot g(x)]'=f'(x)g(x)+f(x)g'(x)$；
3. $\left[\dfrac{f(x)}{g(x)}\right]'=\dfrac{f'(x)g(x)-f(x)g'(x)}{[g(x)]^2}\ (g(x)\neq 0)$.

从法则 2 可以得出

$$[cf(x)]'=c'f(x)+cf'(x)=cf'(x),$$

也就是说，常数与函数的积的导数，等于常数乘函数的导数，即

$$[cf(x)]'=cf'(x).$$

例 2　根据基本初等函数的导数公式和导数运算法则，求函数 $y=x^3-2x+3$ 的导数．

解： 因为

$$\begin{aligned}y'&=(x^3-2x+3)'\\&=(x^3)'-(2x)'+(3)'\\&=3x^2-2,\end{aligned}$$

所以，函数 $y=x^3-2x+3$ 的导数是

$$y'=3x^2-2.$$

例 3　日常生活中的饮用水通常是经过净化的．随着水纯净度的提高，所需净化费用

不断增加. 已知将 1 吨水净化到纯净度为 $x\%$ 时所需费用（单位：元）为

$$c(x)=\frac{5\ 284}{100-x}\quad (80<x<100).$$

求净化到下列纯净度时，所需净化费用的瞬时变化率：

(1) 90%；　　　　(2) 98%.

解： 净化费用的瞬时变化率就是净化费用函数的导数.

$$\begin{aligned} c'(x)&=\left(\frac{5\ 284}{100-x}\right)' \\ &=\frac{5\ 284'\times(100-x)-5\ 284\times(100-x)'}{(100-x)^2} \\ &=\frac{0\times(100-x)-5\ 284\times(-1)}{(100-x)^2} \\ &=\frac{5\ 284}{(100-x)^2}. \end{aligned}$$

(1) 因为 $c'(90)=\dfrac{5\ 284}{(100-90)^2}=52.84$，所以，纯净度为 90% 时，净化费用的瞬时变化率是 52.84 元/吨.

(2) 因为 $c'(98)=\dfrac{5\ 284}{(100-98)^2}=1\ 321$，所以，纯净度为 98% 时，净化费用的瞬时变化率是 1 321 元/吨.

函数 $f(x)$ 在某点处导数的大小表示函数在此点附近变化的快慢. 由上述计算可知，$c'(98)=25c'(90)$. 它表示纯净度为 98% 左右时净化费用的变化率，大约是纯净度为 90% 左右时净化费用变化率的 25 倍. 这说明，水的纯净度越高，需要的净化费用就越多，而且净化费用增加的速度也越快.

思考

如何求函数 $y=\ln(x+2)$ 的导数呢？

我们无法用现有的方法求函数 $y=\ln(x+2)$ 的导数. 下面，我们先分析这个函数的结构特点.

若设 $u=x+2$ $(x>-2)$，则 $y=\ln u$. 从而 $y=\ln(x+2)$ 可以看成是由 $y=\ln u$ 和 $u=x+2$ $(x>-2)$ 经过“复合”得到的. 即 y 可以通过中间变量 u 表示为自变量 x 的函数.

如果把 y 与 u 的关系记作 $y=f(u)$，u 和 x 的关系记作 $u=g(x)$，那么这个“复合”过程可表示为

$$y=f(u)=f(g(x))=\ln(x+2).$$

我们遇到的许多函数都可以看成是由两个函数经过“复合”得到的. 例如，函数 $y=(2x+3)^2$ 由 $y=u^2$ 和 $u=2x+3$ “复合”而成，等等.

一般地，对于两个函数 $y=f(u)$ 和 $u=g(x)$，如果通过变量 u，y 可以表示成 x 的函数，那么称这个函数为函数 $y=f(u)$ 和 $u=g(x)$ 的**复合函数**（composite function），记作 $y=f(g(x))$.

复合函数 $y=f(g(x))$ 的导数和函数 $y=f(u)$，$u=g(x)$ 的导数间的关系为

$$y_x{}'=y_u{}'\cdot u_x{}',$$ ❶

即 y 对 x 的导数等于 y 对 u 的导数与 u 对 x 的导数的乘积.

由此可得，$y=\ln(3x+2)$ 对 x 的导数等于 $y=\ln u$ 对 u 的导数与 $u=3x+2$ 对 x 的导数的乘积，即

$$\begin{aligned}y_x{}'&=y_u{}'\cdot u_x{}'\\&=(\ln u)'\cdot(3x+2)'\\&=\frac{1}{u}\cdot 3\\&=\frac{3}{3x+2}.\end{aligned}$$

例 4　求下列函数的导数：

(1) $y=(2x+3)^2$；　　(2) $y=e^{-0.05x+1}$；

(3) $y=\sin(\pi x+\varphi)$（其中 π，φ 均为常数）.

解：(1) 函数 $y=(2x+3)^2$ 可以看作函数 $y=u^2$ 和 $u=2x+3$ 的复合函数. 根据复合函数求导法则有

$$\begin{aligned}y_x{}'&=y_u{}'\cdot u_x{}'\\&=(u^2)'\cdot(2x+3)'\\&=4u\\&=8x+12.\end{aligned}$$

(2) 函数 $y=e^{-0.05x+1}$ 可以看作函数 $y=e^u$ 和 $u=-0.05x+1$ 的复合函数. 根据复合函数求导法则有

$$\begin{aligned}y_x{}'&=y_u{}'\cdot u_x{}'\\&=(e^u)'\cdot(-0.05x+1)'\\&=-0.05e^u\\&=-0.05e^{-0.05x+1}.\end{aligned}$$

(3) 函数 $y=\sin(\pi x+\varphi)$ 可以看作函数 $y=\sin u$ 和 $u=\pi x+\varphi$ 的复合函数，根据复合函数求导法则有

$$\begin{aligned}y_x{}'&=y_u{}'\cdot u_x{}'\\&=(\sin u)'\cdot(\pi x+\varphi)'\\&=\pi\cos u\\&=\pi\cos(\pi x+\varphi).\end{aligned}$$

---

❶ $y_x{}'$ 表示 y 对 x 的导数.

练 习

1. 运用基本初等函数的导数公式与导数运算法则，重新求解 1.1 节例 1. 你是否感觉到运算法则给解题带来的方便简捷？

2. 求下列函数的导数：

(1) $y=\log_2 x$； (2) $y=2e^x$；

(3) $y=2x^5-3x^2-4$； (4) $y=3\cos x-4\sin x$；

(5) $y=\cos\dfrac{x}{3}$； (6) $y=\sqrt{x-1}$.

习题 1.2

A 组

1. 已知圆面积 $S=\pi r^2$，根据导数的定义求 $S'(r)$.

2. 利用基本初等函数导数公式表与导数运算法则，求 1.1 节高台跳水运动中的高度关于时间的函数的导数.

3. 求描述气球膨胀状态的函数 $r(V)=\sqrt[3]{\dfrac{3V}{4\pi}}$ 的导数.

4. 求下列函数的导数：

(1) $y=x^3+\log_2 x$； (2) $y=x^n e^x$； (3) $y=\dfrac{x^3-1}{\sin x}$；

(4) $y=(x+1)^{99}$； (5) $y=2e^{-x}$； (6) $y=2x\sin(2x+5)$.

5. 已知函数 $f(x)=13-8x+\sqrt{2}x^2$，且 $f'(x_0)=4$，求 x_0.

6. 已知函数 $y=x\ln x$.

(1) 求这个函数的导数；

(2) 求这个函数的图象在点 $x=1$ 处的切线方程.

7. 求曲线 $y=\dfrac{\sin x}{x}$ 在点 $M(\pi, 0)$ 处的切线方程.

8. 氡气是一种由地表自然散发的无味的放射性气体. 如果最初有 500 克氡气，那么 t 天后，氡气的剩余量为 $A(t)=500\times 0.834^t$.

(1) 氡气的散发速度是多少？

(2) $A'(7)$ 的值是什么（精确到 0.1）？它表示什么意义？

B 组

1. 请按步骤，完成下面的任务.

(1) 利用信息技术工具，分别画出 $h=1$，0.5，0.1，0.05 时，函数

$$y=\frac{\sin(x+h)-\sin x}{h}$$

的图象.

(2) 画出函数 $y=\cos x$ 的图象，并与上面的四个图象比较，当 h 越来越小时，你观察到了什么？

(3) 猜测 $y=\sin x$ 的导数，与基本初等函数导数公式表中 $\sin x$ 的导数公式一样吗？

2. 设函数 $f(x)=1-e^{x}$ 的图象与 x 轴相交于点 P，求曲线在点 P 处的切线的方程.

3. 某海湾拥有世界上最大的海潮，其高低水位之差可达到 15 m. 假设在该海湾某一固定点，大海水深 d（单位：m）与午夜后的时间 t（单位：h）的关系由函数 $d(t)=10+4\cos t$ 表示. 求下列时刻潮水的速度（精确到 0.01）：

(1) 上午 6：00；　　(2) 上午 9：00；

(3) 中午 12：00；　　(4) 下午 6：00.

牛　顿　法——用导数方法求方程的近似解

人们很早以前就开始探索高次方程的数值求解问题. 牛顿（Issac Newton，1642—1727）在《流数法》一书中，给出了高次代数方程的一种数值解法——牛顿法. 这种求方程根的方法，在科学界已被广泛采用.

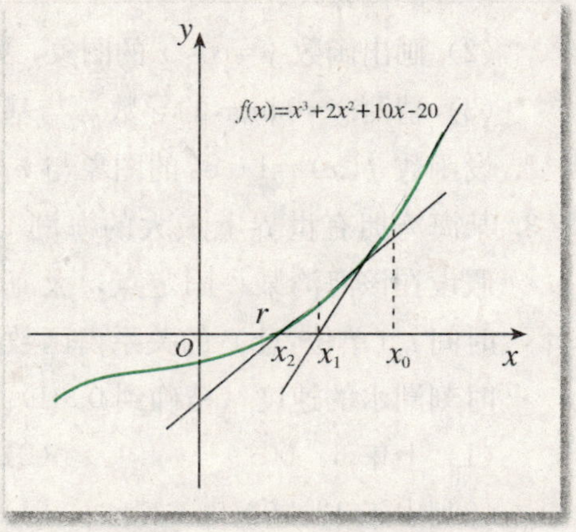

下面，我们看看如何求方程 $x^3+2x^2+10x-20=0$ 的根.

从函数的观点看，方程 $x^3+2x^2+10x-20=0$ 的根就是函数 $f(x)=x^3+2x^2+10x-20$ 的零点. 从图形上看，一个函数的零点 r 就是函数 $f(x)$ 的图象与 x 轴的交点的横坐标.

如何求 r 的值呢？

如果可以找到一步一步逼近点 r 的点 x_0，x_1，…，x_n，使得 $|x_n-r|$ 很小很小，那么，我们就可以把 x_n 的值作为 r 的近似值，即把 x_n 作为方程 $f(x)=0$ 的近似解.

牛顿用“作切线”的方法找到了这一串 x_0，x_1，…，x_n. 当然，要有一个起始点，比如，我们从 $x_0=4$ 开始❶.

> ❶ 起始点当然是越接近零点越好，我们可以事先对零点作一个估计. 如果使用信息技术工具，这种估计是比较容易的.

在点 $x_0=4$ 处作 $f(x)$ 的切线，切线与 x 轴的交点就是 x_1；用 x_1 代替 x_0 重复上面的过程得到 x_2；一直继续下去，得到 x_0，x_1，…，x_n. 从图形上我们可以看到，x_1 较 x_0 接近 r，x_2 较 x_1 接近 r，等等. 它们越来越逼近 r. 接下来的任务是计算 x_n. 我们知道，$f(x)$ 在点 x_0 处切线的斜率是 $f'(x_0)$，因此切线方程为

$$y-f(x_0)=f'(x_0)(x-x_0).$$

如果 $f'(x_0)\neq 0$，那么，切线与 x 轴的交点是

$$x_1=x_0-\frac{f(x_0)}{f'(x_0)}.$$

继续这个过程，就可以推导出如下求方程根的牛顿法公式：

如果 $f'(x_{n-1})\neq 0$，那么

$$x_n=x_{n-1}-\frac{f(x_{n-1})}{f'(x_{n-1})}.$$

请同学们自己推导.

对于一个给定的精确度，我们可以根据上述公式，求出方程 $x^3+2x^2+10x-20=0$ 的近似解.

下面，我们给出牛顿法的算法框图. 同学们可以根据它编一个程序，让计算机帮你完成计算任务.

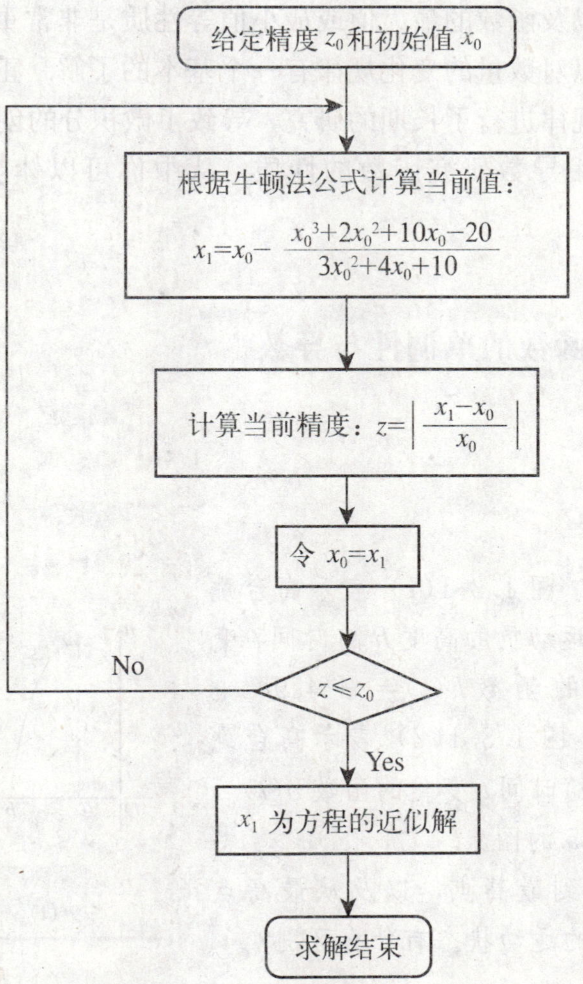

思考

1. 不同的初始值对求方程的近似解有影响吗？如果有，影响在什么地方？

2. 你还知道其他求方程近似解的方法吗？你认为牛顿法的优点和缺点是什么？

1.3 导数在研究函数中的应用

函数是描述客观世界变化规律的重要数学模型．研究函数时，了解函数的增与减、增减的快与慢以及函数的最大值或最小值等性质是非常重要的．通过研究函数的这些性质，我们可以对数量的变化规律有一个基本的了解．正如本章引言所说，科学家们对数量的变化规律进行了长期的研究，导致了微积分的创立．

下面，我们运用导数研究函数的性质，从中你可以体会导数在研究函数中的作用．

1.3.1 函数的单调性与导数

观察

图 1.3-1(1) 表示高台跳水运动员的高度 h 随时间 t 变化的函数 $h(t)=-4.9t^2+6.5t+10$ 的图象，图 1.3-1(2) 表示高台跳水运动员的速度 v 随时间 t 变化的函数 $v(t)=h'(t)=-9.8t+6.5$ 的图象．

运动员从起跳到最高点，以及从最高点到入水这两段时间的运动状态有什么区别？

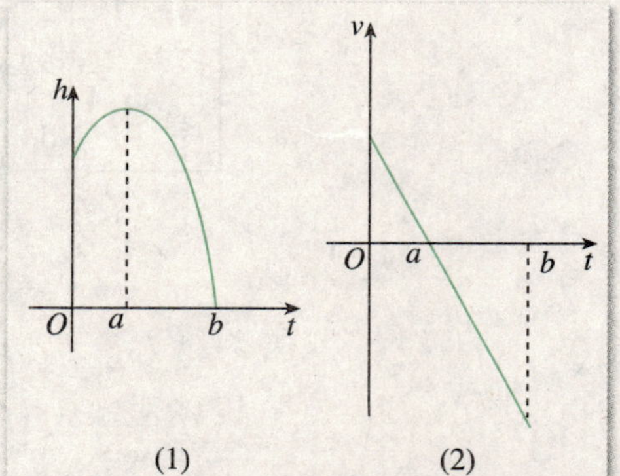

图 1.3-1

通过观察图象，我们可以发现：

(1) 运动员从起跳到最高点，离水面的高度 h 随时间 t 的增加而增加，即 $h(t)$ 是增函数．相应地，$v(t)=h'(t)>0$．

(2) 从最高点到入水，运动员离水面的高度 h 随时间 t 的增加而减小，即 $h(t)$ 是减函数．相应地，$v(t)=h'(t)<0$．

思考

这种情况是否具有一般性呢？

观察下面一些函数的图象（图 1.3-2），探讨函数的单调性与其导函数正负的关系.

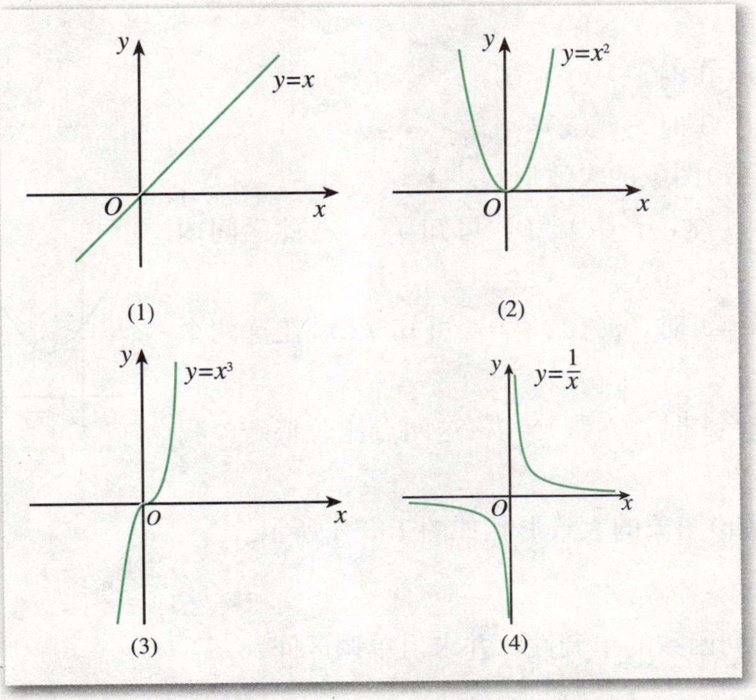

图 1.3-2

如图 1.3-3，导数 $f'(x_0)$ 表示函数 $f(x)$ 在点 $(x_0, f(x_0))$ 处的切线的斜率. 在 $x=x_0$ 处，$f'(x_0)>0$，切线是“左下右上”式的，这时，函数 $f(x)$ 在 x_0 附近单调递增；在 $x=x_1$ 处，$f'(x_1)<0$，切线是“左上右下”式的，这时，函数 $f(x)$ 在 x_1 附近单调递减.

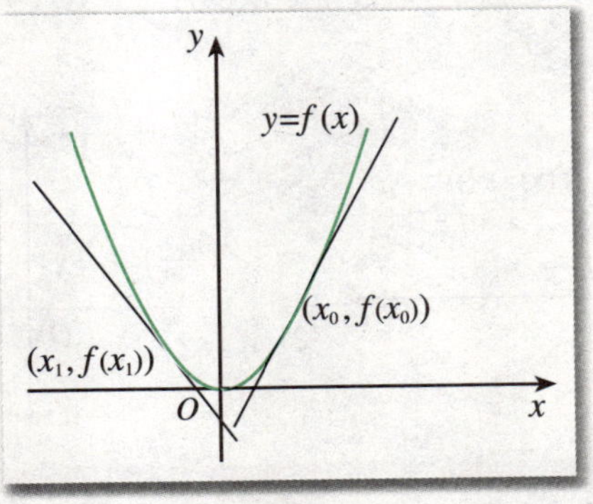

图 1.3-3

一般地，函数的单调性与其导函数的正负有如下关系：

在某个区间 (a, b) 内，如果 $f'(x)>0$，那么函数 $y=f(x)$ 在这个区间内单调递增；如果 $f'(x)<0$，那么函数 $y=f(x)$ 在这个区间内单调递减❶.

❶ 如果在某个区间内恒有 $f'(x)=0$，那么函数 $f(x)$ 有什么特性？

思考

请同学们回顾一下函数单调性的定义，并思考某个区间上函数$y=f(x)$的平均变化率的几何意义与其导数正负的关系.

例 1 已知导函数$f'(x)$的下列信息：

当$1<x<4$时，$f'(x)>0$；

当$x>4$，或$x<1$时，$f'(x)<0$；

当$x=4$，或$x=1$时，$f'(x)=0$.

试画出函数$f(x)$图象的大致形状.

解：当$1<x<4$时，$f'(x)>0$，可知$f(x)$在此区间内单调递增；

当$x>4$，或$x<1$时，$f'(x)<0$，可知$f(x)$在这两个区间内单调递减；

当$x=4$，或$x=1$时，$f'(x)=0$，这两点比较特殊，我们称它们为“临界点”.

综上，函数$f(x)$图象的大致形状如图 1.3-4 所示.

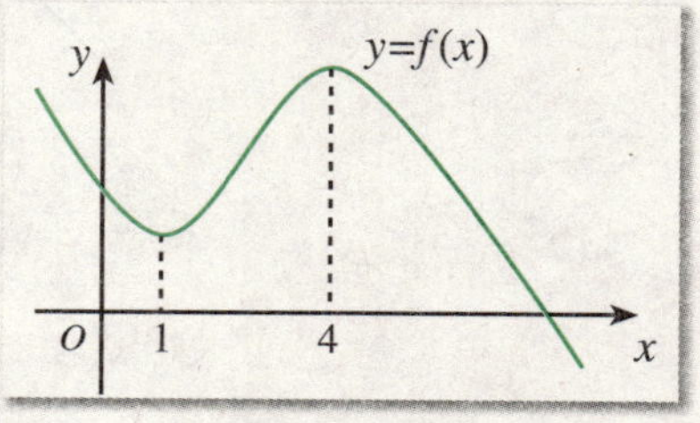

图 1.3-4

例 2 判断下列函数的单调性，并求出单调区间：

(1) $f(x)=x^3+3x$； (2) $f(x)=x^2-2x-3$；

(3) $f(x)=\sin x-x$，$x\in(0,\ \pi)$； (4) $f(x)=2x^3+3x^2-24x+1$.

解：(1) 因为$f(x)=x^3+3x$，所以

$$f'(x)=3x^2+3=3(x^2+1)>0.$$

因此，函数$f(x)=x^3+3x$在$\mathbf{R}$上单调递增，如图 1.3-5(1) 所示.

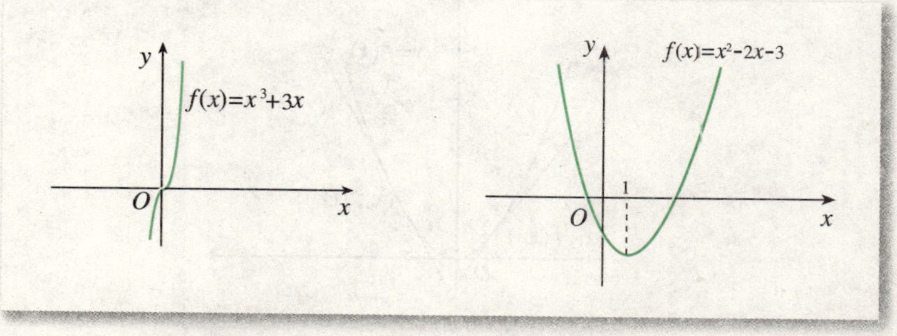

图 1.3-5(1) 图 1.3-5(2)

(2) 因为$f(x)=x^2-2x-3$，所以

$$f'(x)=2x-2=2(x-1).$$

当$f'(x)>0$，即$x>1$时，函数$f(x)=x^2-2x-3$单调递增；

当$f'(x)<0$，即$x<1$时，函数$f(x)=x^2-2x-3$单调递减.

函数$f(x)=x^2-2x-3$的单调递增区间为$(1,\ +\infty)$，单调递减区间为$(-\infty,\ 1)$.

函数 $f(x)=x^2-2x-3$ 的图象如图 1.3-5(2) 所示.

(3) 因为 $f(x)=\sin x-x$，$x\in(0,\pi)$，所以

$$f'(x)=\underline{\qquad\qquad}.$$

因此，函数 $f(x)=\sin x-x$ 在 $(0,\pi)$ 内________，如图 1.3-5(3) 所示.

(4) 因为 $f(x)=2x^3+3x^2-24x+1$，所以

$$f'(x)=\underline{\qquad\qquad}.$$

当 $f'(x)>0$，即__________时，函数 $f(x)=2x^3+3x^2-24x+1$________；

当 $f'(x)<0$，即__________时，函数 $f(x)=2x^3+3x^2-24x+1$________.

函数 $f(x)=2x^3+3x^2-24x+1$ 的单调递增区间为________，单调递减区间为________.

函数 $f(x)=2x^3+3x^2-24x+1$ 的图象如图 1.3-5(4)所示.

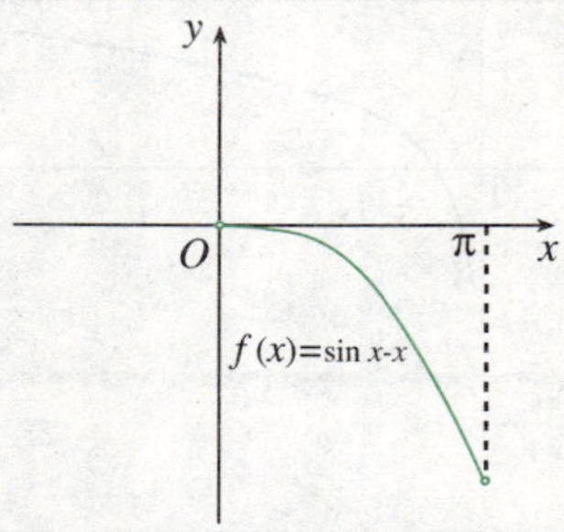

图 1.3-5(3)

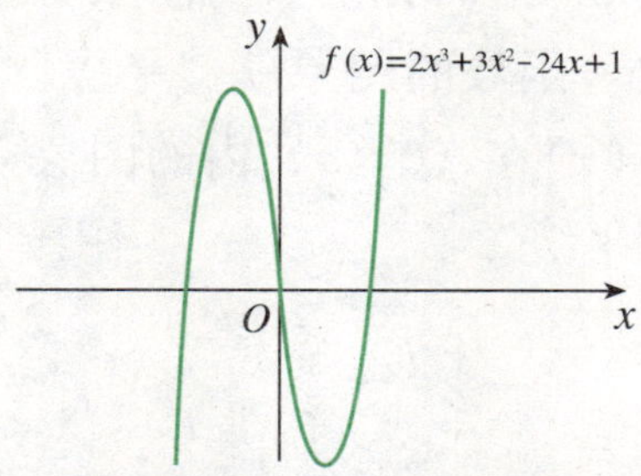

图 1.3-5(4)

如果不用导数的方法，直接运用单调性的定义，你如何求解本题？运算过程麻烦吗？你有什么体会？

例 3　如图 1.3-6，水以恒速（即单位时间内注入水的体积相同）注入下面四种底面积相同的容器中，请分别找出与各容器对应的水的高度 h 与时间 t 的函数关系图象.

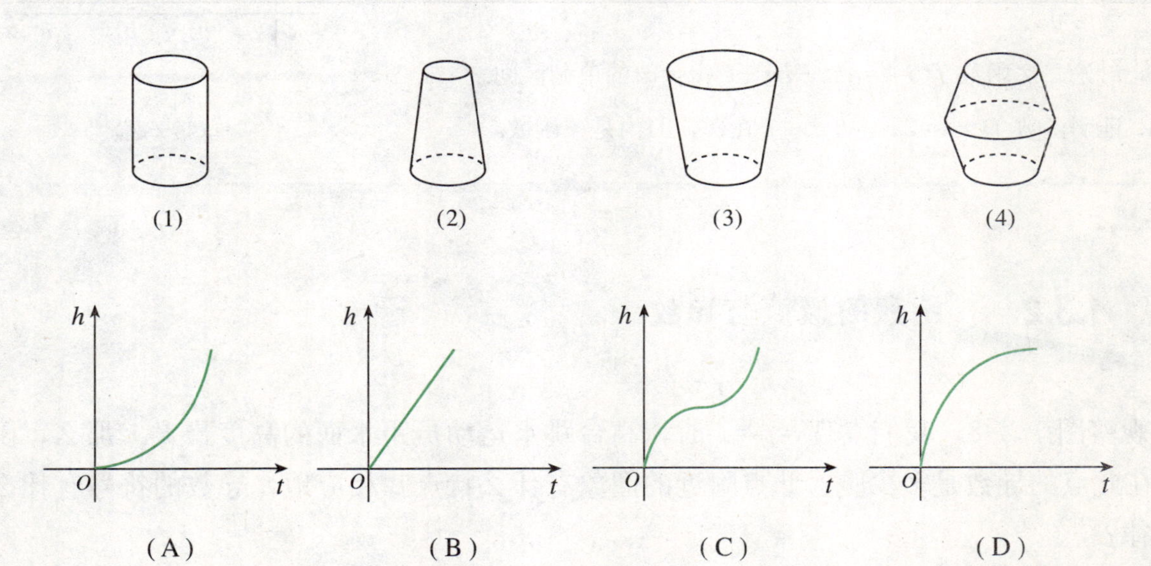

图 1.3-6

分析：以容器 (2) 为例，由于容器上细下粗，所以水以恒速注入时，开始阶段高度

增加得慢，以后高度增加得越来越快．反映在图象上，(A) 符合上述变化情况．同理可知其他三种容器的情况．

解：(1)→(B)，(2)→(A)，(3)→(D)，(4)→(C)．

思考？ 例 3 表明，通过函数图象，不仅可以看出函数的增与减，还可以看出其增减的快慢．结合图象，你能从导数的角度解释增减快慢的情况吗？

一般地，如果一个函数在某一范围内导数的绝对值较大，那么函数在这个范围内变化得快，这时，函数的图象就比较“陡峭”（向上或向下）；反之，函数的图象就“平缓”一些．如图 1.3-7 所示，函数 $y=f(x)$ 在 $(0, a)$ 内的图象“陡峭”，在 $(a, +\infty)$ 内的图象“平缓”．

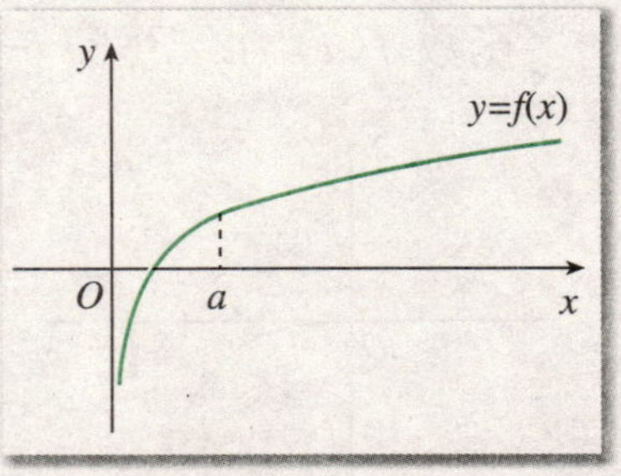

图 1.3-7

练 习

1. 判断下列函数的单调性，并求出单调区间：

(1) $f(x)=x^2-2x+4$；　(2) $f(x)=e^x-x$；

(3) $f(x)=3x-x^3$；　(4) $f(x)=x^3-x^2-x$．

2. 函数 $y=f(x)$ 的图象如图所示，试画出导函数 $f'(x)$ 图象的大致形状．

3. 讨论二次函数 $f(x)=ax^2+bx+c\ (a\neq 0)$ 的单调区间．

4. 证明函数 $f(x)=2x^3-6x^2+7$ 在 $(0, 2)$ 内是减函数．

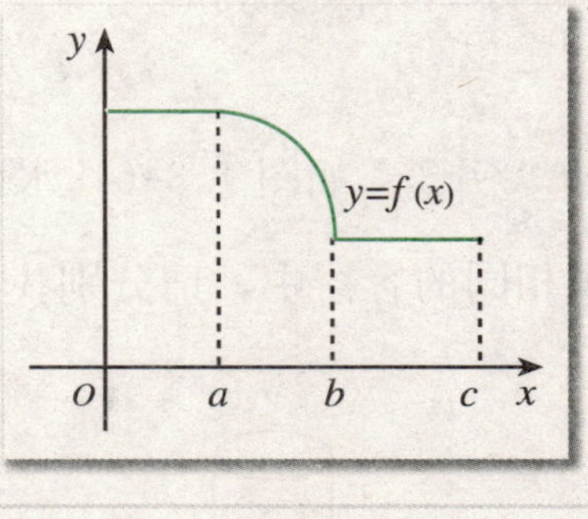

（第 2 题）

1.3.2 函数的极值与导数

观察图 1.3-8，我们发现，$t=a$ 时，高台跳水运动员距水面的高度最大．那么，函数 $h(t)$ 在此点的导数是多少呢？此点附近的图象有什么特点？相应地，导数的符号有什么变化规律？

放大 $t=a$ 附近函数 $h(t)$ 的图象，如图 1.3-9．可以看出，$h'(a)=0$；在 $t=a$ 的附近，当 $t<a$ 时，函数 $h(t)$ 单调递增，$h'(t)>0$；当 $t>a$ 时，函数 $h(t)$ 单调递减，$h'(t)<0$．这就是说，在 $t=a$ 附近，函数值先增（$t<a$ 时，$h'(t)>0$）后减（$t>a$ 时，$h'(t)<0$）．这样，当 t 在 a 的附近从小到大经过 a 时，$h'(t)$ 先正后负，且 $h'(t)$ 连续变化，于是有 $h'(a)=0$．

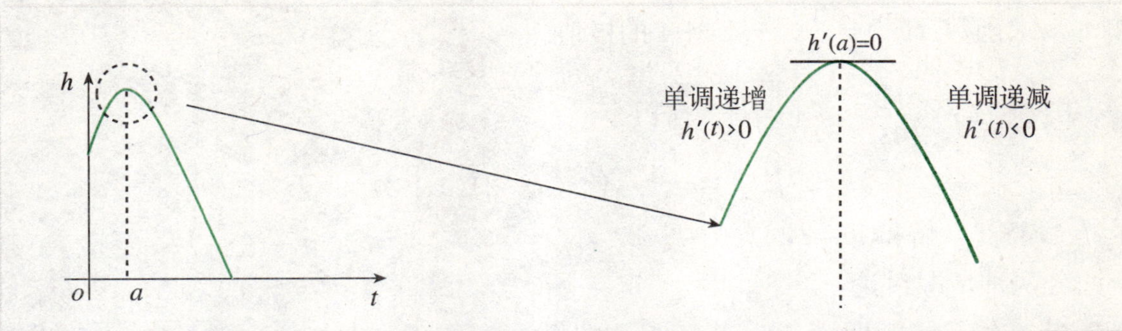

图 1.3-8　　　　图 1.3-9

对于一般的函数 $y=f(x)$，是否也有同样的性质呢？

探究

如图 1.3-10 和图 1.3-11，函数 $y=f(x)$ 在 a，b，c，d，e，f，g，h 等点的函数值与这些点附近的函数值有什么关系？$y=f(x)$ 在这些点的导数值是多少？在这些点附近，$y=f(x)$ 的导数的符号有什么规律？

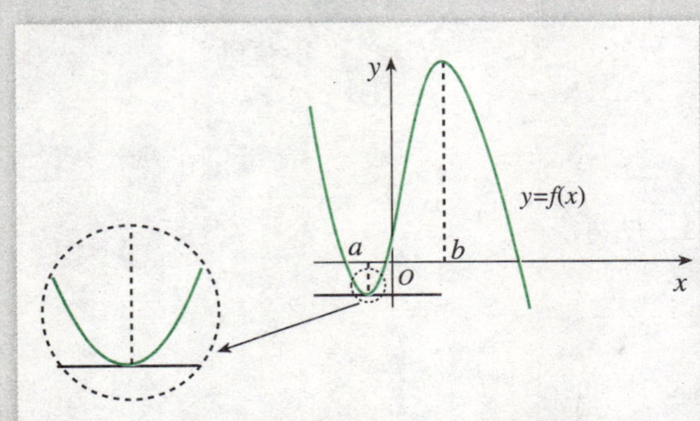

图 1.3-10

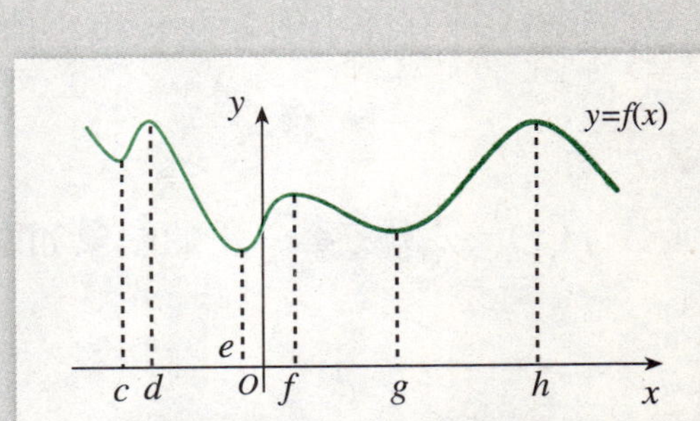

图 1.3-11

以 a，b 两点为例，我们可以发现，函数 $y=f(x)$ 在点 $x=a$ 的函数值 $f(a)$ 比它在点 $x=a$ 附近其他点的函数值都小，$f'(a)=0$；而且在点 $x=a$ 附近的左侧 $f'(x)<0$，右侧 $f'(x)>0$. 类似地，函数 $y=f(x)$ 在点 $x=b$ 的函数值 $f(b)$ 比它在点 $x=b$ 附近其他点的函数值都大，$f'(b)=0$；而且在点 $x=b$ 附近的左侧 $f'(x)>0$，右侧 $f'(x)<0$.

我们把点 a 叫做函数 $y=f(x)$ 的极小值点，$f(a)$ 叫做函数 $y=f(x)$ 的**极小值**；点 b 叫做函数 $y=f(x)$ 的极大值点，$f(b)$ 叫做函数 $y=f(x)$ 的**极大值**. 极小值点、极大值点统称为**极值点**，极大值和极小值统称为**极值**（extreme value）.

极值反映了函数在某一点附近的大小情况，刻画的是函数的局部性质.

例 4 求函数 $f(x)=\frac{1}{3}x^3-4x+4$ 的极值.

解：因为 $f(x)=\frac{1}{3}x^3-4x+4$，所以

$$f'(x)=x^2-4=(x-2)(x+2).$$

令 $f'(x)=0$，解得 $x=2$，或 $x=-2$.

下面分两种情况讨论：

(1) 当 $f'(x)>0$，即 $x>2$，或 $x<-2$ 时；

(2) 当 $f'(x)<0$，即 $-2<x<2$ 时.

当 x 变化时，$f'(x)$，$f(x)$ 的变化情况如下表：

x	$(-\infty, -2)$	-2	$(-2, 2)$	2	$(2, +\infty)$
$f'(x)$	$+$	0	$-$	0	$+$
$f(x)$	单调递增↗	$\frac{28}{3}$	单调递减↘	$-\frac{4}{3}$	单调递增↗

因此，当 $x=-2$ 时，$f(x)$ 有极大值，并且极大值为

$$f(-2)=\frac{28}{3};$$

当 $x=2$ 时，$f(x)$ 有极小值，并且极小值为

$$f(2)=-\frac{4}{3}.$$

极大值一定大于极小值吗？

函数 $f(x)=\frac{1}{3}x^3-4x+4$ 的图象如图 1.3-12 所示.

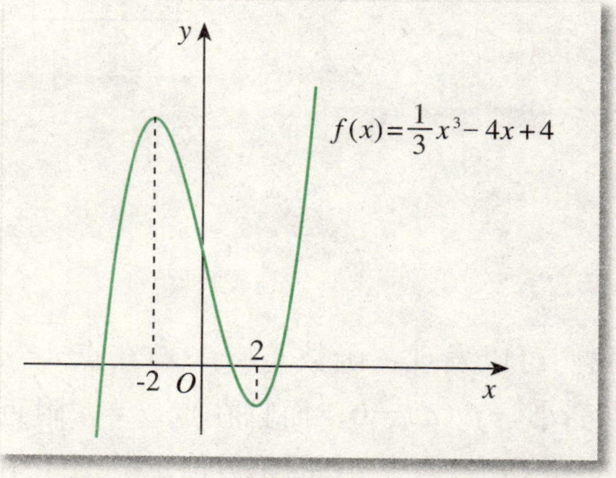

图 1.3-12

思考？

导数值为 0 的点一定是函数的极值点吗？

导数值为 0 的点不一定是函数的极值点. 例如，对于函数 $f(x)=x^3$，我们有 $f'(x)=3x^2$. 虽然 $f'(0)=0$，但由于无论 $x>0$，还是 $x<0$，恒有 $f'(x)>0$，即函数 $f(x)=x^3$ 是单调递增的，所以 $x=0$ 不是函数 $f(x)=x^3$ 的极值点. 一般地，函数 $y=f(x)$ 在一点的导数值为 0 是函数 $y=f(x)$ 在这点取极值的必要条件，而非充分条件.

一般地，求函数 $y=f(x)$ 的极值的方法是：

解方程 $f'(x)=0$. 当 $f'(x_0)=0$ 时：

(1) 如果在 x_0 附近的左侧 $f'(x)>0$，右侧 $f'(x)<0$，那么 $f(x_0)$ 是极大值；

(2) 如果在 x_0 附近的左侧 $f'(x)<0$，右侧 $f'(x)>0$，那么 $f(x_0)$ 是极小值.

练　习

1. 右图是导函数 $y=f'(x)$ 的图象，试找出函数 $y=f(x)$ 的极值点，并指出哪些是极大值点，哪些是极小值点.

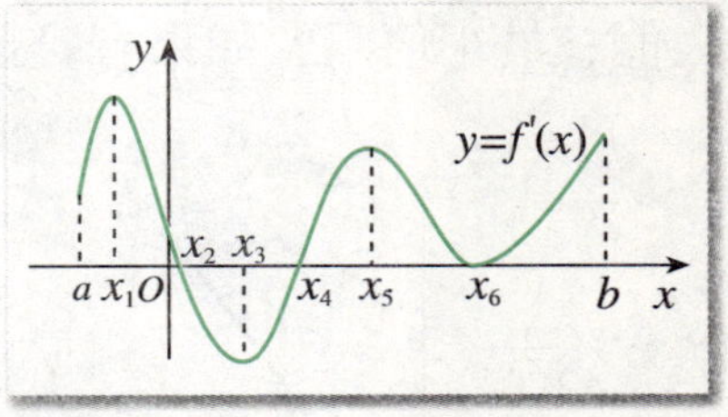

(第 1 题)

2. 求下列函数的极值：

(1) $f(x)=6x^2-x-2$；　　(2) $f(x)=x^3-27x$；

(3) $f(x)=6+12x-x^3$；　　(4) $f(x)=3x-x^3$.

1.3.3　函数的最大（小）值与导数

我们知道，极值反映的是函数在某一点附近的局部性质，而不是函数在整个定义域内的性质. 也就是说，如果 x_0 是函数 $y=f(x)$ 的极大（小）值点，那么在点 x_0 附近找不到比 $f(x_0)$ 更大（更小）的值. 但是，在解决实际问题或研究函数的性质时，我们往往更关心函数在某个区间上，哪个值最大，哪个值最小. 如果 x_0 是函数 $y=f(x)$ 的最大（小）值点，那么 $f(x_0)$ 不小（大）于函数 $y=f(x)$ 在相应区间上的所有函数值.

如图 1.3-13，观察区间 $[a, b]$ 上函数 $y=f(x)$ 的图象，你能找出它的极大值、极小值吗？

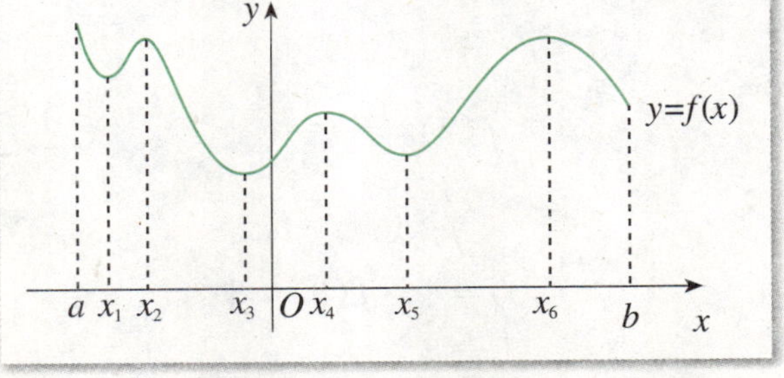

图 1.3-13

观察图象，我们发现，$f(x_1)$，$f(x_3)$，$f(x_5)$ 是函数 $y=f(x)$ 的极小值，$f(x_2)$，

$f(x_4)$，$f(x_6)$是函数 $y=f(x)$的极大值.

探究

你能找出函数 $y=f(x)$在区间$[a, b]$上的最大值、最小值吗？

从图 1.3-13 可以看出，函数 $y=f(x)$在区间$[a, b]$上的最大值是$f(a)$，最小值是$f(x_3)$.

在图 1.3-14、图 1.3-15 中，观察$[a, b]$上的函数$y=f(x)$的图象，它们在$[a, b]$上有最大值、最小值吗？如果有，最大值和最小值分别是什么？

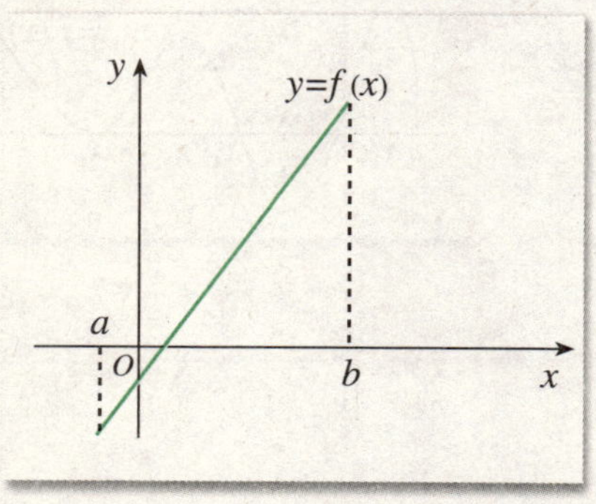

图 1.3-14

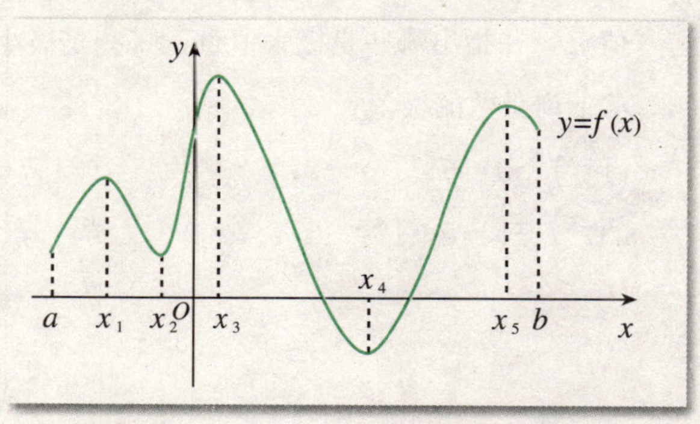

图 1.3-15

一般地，如果在区间$[a, b]$上函数 $y=f(x)$的图象是一条连续不断的曲线，那么它必有最大值和最小值.

结合图 1.3-14、图 1.3-15，以及函数极值中的例子，不难看出，只要把函数$y=f(x)$的所有极值连同端点的函数值进行比较，就可以求出函数的最大值与最小值.

例 5 求函数 $f(x)=\frac{1}{3}x^3-4x+4$ 在$[0, 3]$上的最大值与最小值.

解： 由例 4 可知，在$[0, 3]$上，当 $x=2$ 时，

$$f(x)=\frac{1}{3}x^3-4x+4$$

有极小值，并且极小值为

$$f(2)=-\frac{4}{3}.$$

又由于

$$f(0)=4, f(3)=1,$$

因此，函数

$$f(x)=\frac{1}{3}x^3-4x+4$$

在$[0, 3]$上的最大值是4，最小值是$-\frac{4}{3}$.

上述结论可以从函数$f(x)=\frac{1}{3}x^3-4x+4$在$[0, 3]$上的图象（图1.3-16）得到直观验证.

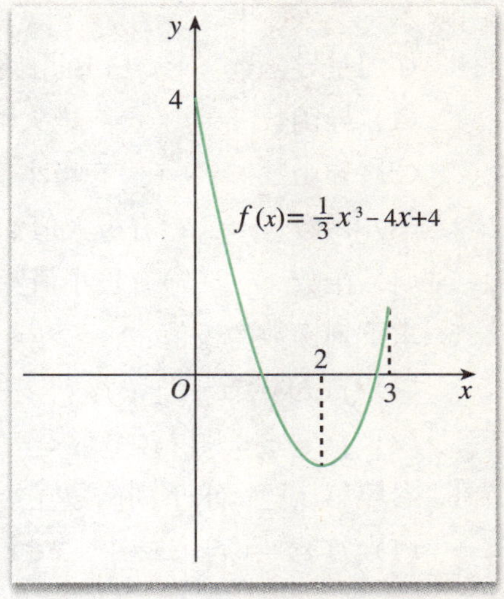

图1.3-16

一般地，求函数$y=f(x)$在$[a, b]$上的最大值与最小值的步骤如下：

（1）**求函数$y=f(x)$在(a, b)内的极值；**

（2）**将函数$y=f(x)$的各极值与端点处的函数值$f(a)$，$f(b)$比较，其中最大的一个是最大值，最小的一个是最小值.**

练　习

参照第1.3.2节的练习，求下列函数在给定区间上的最大值与最小值：

（1）$f(x)=6x^2-x-2$，$x\in[0, 2]$；　　（2）$f(x)=x^3-27x$，$x\in[-4, 4]$；

（3）$f(x)=6+12x-x^3$，$x\in[-\frac{1}{3}, 3]$；　　（4）$f(x)=3x-x^3$，$x\in[2, 3]$.

习题1.3

A组

1. 判断下列函数的单调性，并求出单调区间：

（1）$f(x)=-2x+1$；　　（2）$f(x)=x+\cos x$，$x\in\left(0, \frac{\pi}{2}\right)$；

（3）$f(x)=-2x-4$；　　（4）$f(x)=2x^3+4x$.

2. 判断下列函数的单调性，并求出单调区间：

（1）$f(x)=x^2+2x-4$；　　（2）$f(x)=2x^2-3x+3$；

（3）$f(x)=3x+x^3$；　　（4）$f(x)=x^3+x^2-x$.

3. 已知汽车在笔直的公路上行驶：

（1）如果$f(t)$表示时刻t时汽车与起点的距离，请标出汽车速度等于0的点.

（2）如果$f(t)$表示时刻t时汽车的速度，那么（1）中标出点的意义是什么？

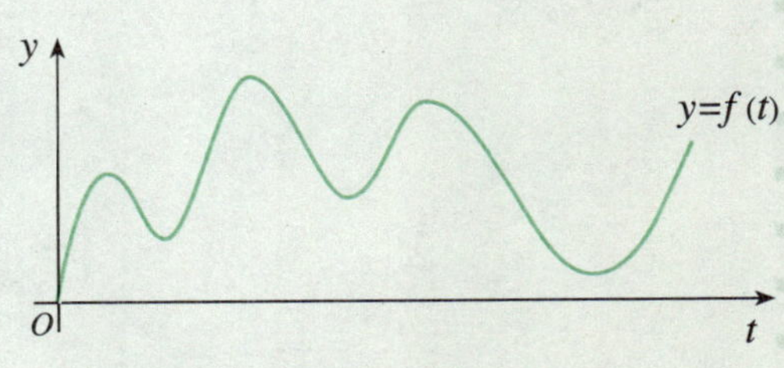

（第3题）

4. 如图是导函数 $y=f'(x)$ 的图象，在标记的点中，在哪一点处

(1) 导函数 $y=f'(x)$ 有极大值？

(2) 导函数 $y=f'(x)$ 有极小值？

(3) 函数 $y=f(x)$ 有极大值？

(4) 函数 $y=f(x)$ 有极小值？

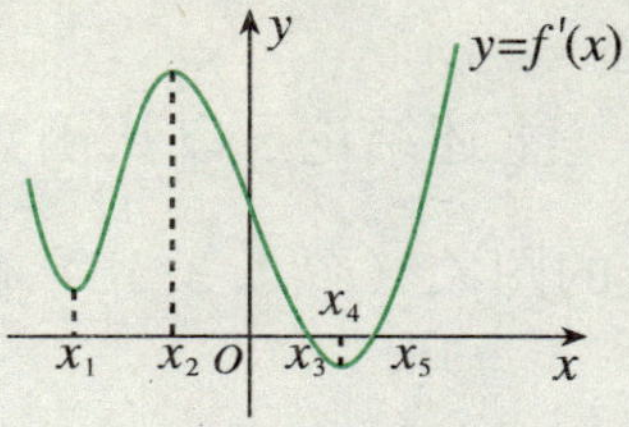

（第 4 题）

5. 求下列函数的极值：

(1) $f(x)=6x^2+x+2$；　　(2) $f(x)=x^3-12x$；

(3) $f(x)=6-12x+x^3$；　　(4) $f(x)=48x-x^3$.

6. 参照第 5 题，求下列函数在给定区间上的最大值与最小值：

(1) $f(x)=6x^2+x+2$，$x\in[-1, 1]$；　　(2) $f(x)=x^3-12x$，$x\in[-3, 3]$；

(3) $f(x)=6-12x+x^3$，$x\in[-\frac{1}{3}, 1]$；　　(4) $f(x)=48x-x^3$，$x\in[-3, 5]$.

B 组

1. 利用函数的单调性，证明下列不等式，并通过函数图象直观验证：

(1) $\sin x<x$，$x\in(0, \pi)$；

(2) $x-x^2>0$，$x\in(0, 1)$；

(3) $e^x>1+x$，$x\neq0$；

(4) $\ln x<x<e^x$，$x>0$.

2. 利用信息技术工具，画出函数 $f(x)=ax^3+bx^2+cx+d$ 的图象，并改变 a，b，c，d 的值，观察图象的形状：

(1) 你能归纳函数 $f(x)=ax^3+bx^2+cx+d$ 图象的大致形状吗？它的图象有什么特点？你能从图象上大致估计它的单调区间吗？

(2) 运用导数研究它的单调性，并求出相应的单调区间.

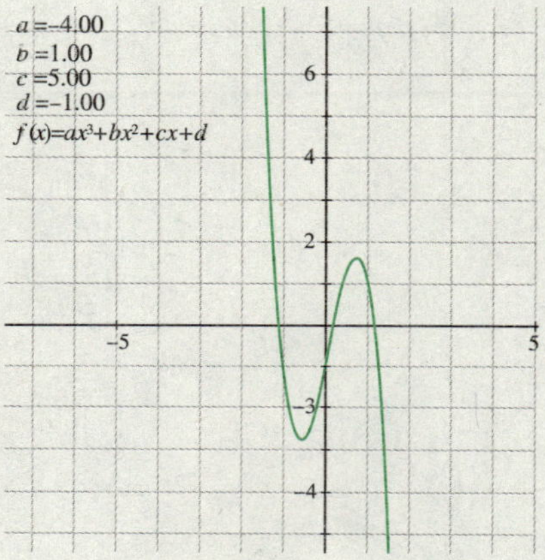

（第 2 题）

图形技术与函数性质

当前，不少图形计算器、计算机软件的图形技术功能非常强大，函数作图和分析功能是图形技术的一个重要方面．它主要包括：

1. 由函数 $f(x)$ 的解析式直接画出其图象；

2. 移动光标，显示函数 $f(x)$ 图象上任一点的坐标；

3. 由函数 $f(x)$ 的解析式及其图象求出其导函数 $f'(x)$，并画出其图象；

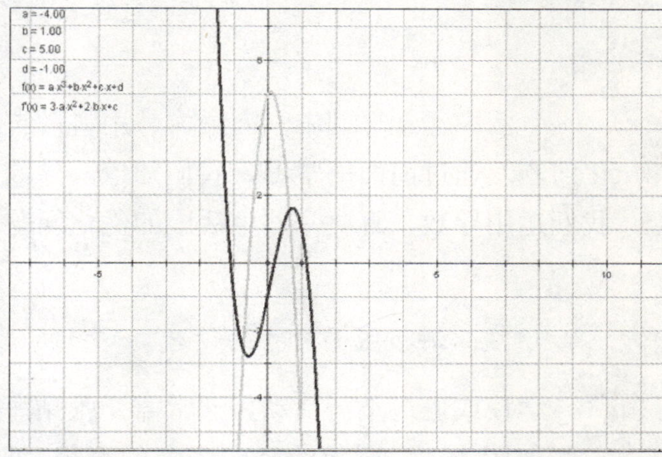

图 1

4. 显示并求出经过函数 $f(x)$ 图象上某点切线的斜率和切线的方程；

5. 求出并显示函数 $f(x)$ 的零点；

6. 对函数 $f(x)$ 图象的局部进行放大和缩小；

7. 通过确定区间的两个端点，得出函数 $f(x)$ 在给定区间上的最大值与最小值等．

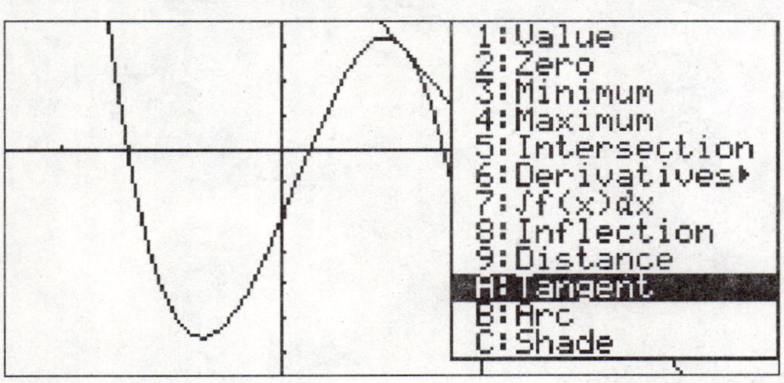

图 2

图形计算器和计算机软件提供的函数作图和分析功能，对我们把握函数的性质有重要的帮助：一方面，通过画出函数的图象，对图象进行观察和分析，并作出猜想和发现，从而探讨函数的性质；另一方面，用导数研究函数的性质后，可用图形技术进行直观验证，两者相辅相成．

1.4 生活中的优化问题举例

生活中经常遇到求利润最大、用料最省、效率最高等问题，这些问题通常称为**优化问题**．通过前面的学习，我们知道，导数是求函数最大（小）值的有力工具．本节我们运用导数，解决一些生活中的优化问题．

例 1 海报版面尺寸的设计

学校或班级举行活动，通常需要张贴海报进行宣传．现让你设计一张如图 1.4-1 所示的竖向张贴的海报，要求版心面积为 128 dm^2，上、下两边各空 2 dm，左、右两边各空 1 dm．如何设计海报的尺寸，才能使四周空白面积最小？

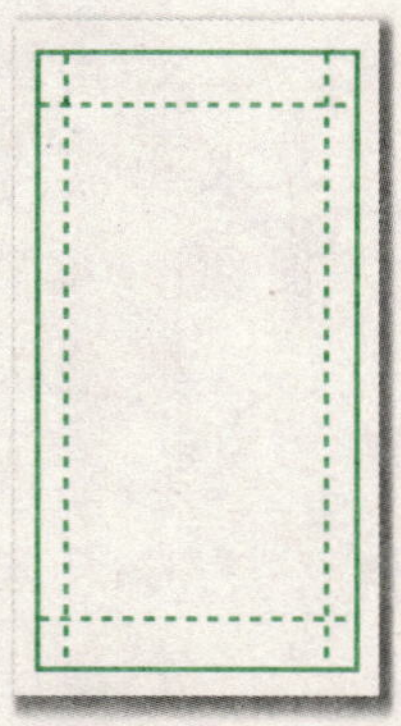

图 1.4-1

解： 设版心的高为 x dm，则版心的宽为$\frac{128}{x}$ dm，此时四周空白面积为

$$S(x)=(x+4)\left(\frac{128}{x}+2\right)-128$$
$$=2x+\frac{512}{x}+8,\ x>0.$$

求导数，得

$$S'(x)=2-\frac{512}{x^2}.$$

令 $S'(x)=2-\frac{512}{x^2}=0$，解得 $x=16$（$x=-16$ 舍去）．

于是宽为$\frac{128}{x}=\frac{128}{16}=8$．

当 $x\in(0,\ 16)$时，$S'(x)<0$；当 $x\in(16,\ +\infty)$时，$S'(x)>0$．

因此，$x=16$ 是函数 $S(x)$的极小值点，也是最小值点．所以，当版心高为 16 dm，宽为 8 dm 时，能使四周空白面积最小．

答：当版心高为 16 dm，宽为 8 dm 时，海报四周空白面积最小．

例 2 饮料瓶大小对饮料公司利润的影响

（1）你是否注意过，市场上等量的小包装的物品一般比大包装的要贵些？你想从数学上知道它的道理吗？

（2）是不是饮料瓶越大，饮料公司的利润越大？

【背景知识】　某制造商制造并出售球形瓶装的某种饮料．瓶子的制造成本是 $0.8\pi r^2$ 分，其中 r（单位：cm）是瓶子的半径．已知每出售 1 mL 的饮料，制造商可获利 0.2 分，且制造商能制作的瓶子的最大半径为 6 cm．

问题：（1）瓶子半径多大时，能使每瓶饮料的利润最大？

（2）瓶子半径多大时，每瓶饮料的利润最小？

解：由于瓶子的半径为 r，所以每瓶饮料的利润是

$$y=f(r)=0.2\times\frac{4}{3}\pi r^3-0.8\pi r^2=0.8\pi\left(\frac{r^3}{3}-r^2\right),\ 0<r\leqslant 6.$$

令

$$f'(r)=0.8\pi(r^2-2r)=0.$$

当 $r=2$ 时，$f'(r)=0$．

当 $r\in(0,\ 2)$时，$f'(r)<0$；当 $r\in(2,\ 6)$时，$f'(r)>0$．

因此，当半径 $r>2$ 时，$f'(r)>0$，它表示 $f(r)$单调递增，即半径越大，利润越高；半径 $r<2$ 时，$f'(r)<0$，它表示$f(r)$单调递减，即半径越大，利润越低．

Ⅰ．半径为 2 cm 时，利润最小，这时 $f(2)<0$，表示此种瓶内饮料的利润还不够瓶子的成本，此时利润是负值．

Ⅱ．半径为 6 cm 时，利润最大．

换一个角度：如果我们不用导数工具，直接从函数的图象（图 1.4-2）上观察，你有什么发现？

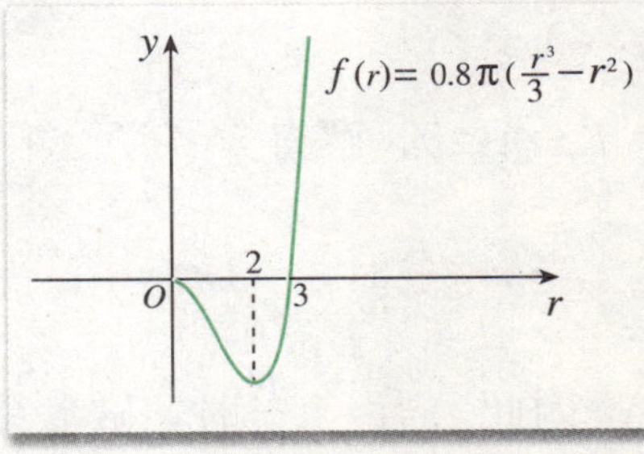

图 1.4-2

从图象上容易看出，当 $r=3$ 时，$f(3)=0$，即瓶子的半径是 3 cm 时，饮料的利润与饮料瓶的成本恰好相等；当$r>3$时，利润才为正值．

当 $r\in(0,\ 2)$时，$f(r)$是减函数，你能解释它的实际意义吗？

通过此问题的解决，我们很容易回答开始时的问题．请同学们自己作出回答．

例 3　磁盘的最大存储量问题

（1）你知道计算机是如何存储、检索信息的吗？

（2）你知道磁盘的结构吗？

（3）如何使一个圆环状的磁盘存储尽可能多的信息？

【背景知识】　计算机把信息存储在磁盘上．磁盘是带有磁性介质的圆盘，并由操作系统将其格式化成磁道和扇区．磁道是指不同半径所构成的同心圆轨道，扇区是指被圆心角分割成的扇形区域．磁道上的定长的弧可作为基本存储单元，根据其磁化与否可分别记录数据 0 或 1，这个基本单元通常称为比特（bit）．磁盘的构造如图 1.4-3 所示．

为了保障磁盘的分辨率，磁道之间的宽度必须大于 m，每比特所占用的磁道长度不得

小于 n. 为了数据检索的方便，磁盘格式化时要求所有磁道具有相同的比特数.

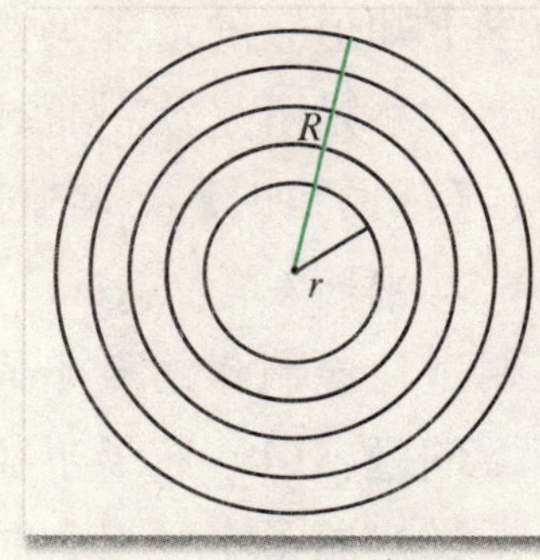

图 1.4-3

问题： 现有一张半径为 R 的磁盘，它的存储区是半径介于 r 与 R 的环行区域.

(1) 是不是 r 越小，磁盘的存储量越大?

(2) r 为多少时，磁盘具有最大存储量（最外面的磁道不存储任何信息）?

解： 存储量＝磁道数×每磁道的比特数.

设存储区的半径介于 r 与 R 之间，由于磁道之间的宽度必须大于 m，且最外面的磁道不存储任何信息，所以磁道数最多可达 $\frac{R-r}{m}$. 又由于每条磁道上的比特数相同，为获得最大的存储量，最内一条磁道必须装满，即每条磁道上的比特数可达到 $\frac{2\pi r}{n}$. 所以，磁盘总存储量

$$f(r)=\frac{R-r}{m}\cdot\frac{2\pi r}{n}=\frac{2\pi}{mn}r(R-r).$$

(1) 它是一个关于 r 的二次函数，从函数的解析式上可以判断，不是 r 越小，磁盘的存储量越大.

(2) 为求 $f(r)$ 的最大值，计算 $f'(r)=0$.

$$f'(r)=\frac{2\pi}{mn}(R-2r),$$

令 $f'(r)=0$，解得 $r=\frac{R}{2}$.

当 $r<\frac{R}{2}$ 时，$f'(r)>0$；当 $r>\frac{R}{2}$ 时，$f'(r)<0$.

因此，当 $r=\frac{R}{2}$ 时，磁盘具有最大存储量，最大存储量为 $\frac{\pi R^2}{2mn}$.

思考?

如果每条磁道存储的信息与磁道的长度成正比，那么如何计算磁盘的存储量？此时，是不是 r 越小，磁盘的存储量越大？

由上述例子，我们不难发现，解决优化问题的基本思路是：

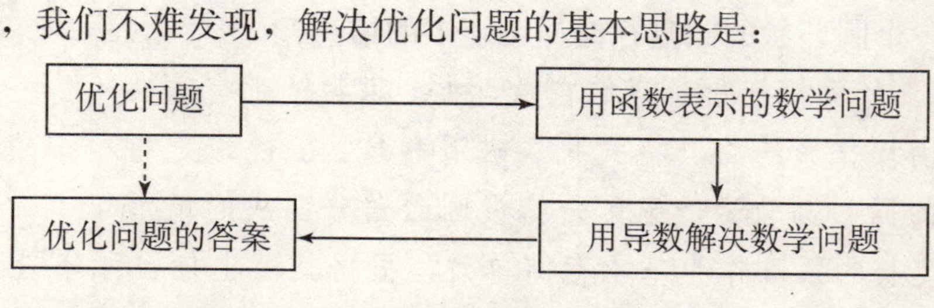

上述解决优化问题的过程是一个典型的数学建模过程.

习题1.4

A 组

1. 一条长为 l 的铁丝截成两段，分别弯成两个正方形，要使两个正方形的面积和最小，两段铁丝的长度分别是多少？

2. 无盖方盒的最大容积问题

   一边长为 a 的正方形铁片，铁片的四角截去四个边长均为 x 的小正方形，然后做成一个无盖方盒.

   (1) 试把方盒的容积 V 表示为 x 的函数.

   (2) x 多大时，方盒的容积 V 最大？

3. 圆柱形金属饮料罐容积一定时，它的高与半径应怎样选择，才能使所用材料最省？

4. 用测量工具测量某物体的长度，由于工具的精度以及测量技术的原因，测得 n 个数据

$$a_1,\ a_2,\ a_3,\ \cdots,\ a_n.$$

   证明：用 n 个数据的平均值

$$x=\frac{1}{n}\sum_{i=1}^{n}a_i$$

   表示这个物体的长度，能使这 n 个数据的方差

$$f(x)=\frac{1}{n}\sum_{i=1}^{n}(x-a_i)^2$$

   最小.

   思考：这个结果说明了什么？通过这个问题，你能说明**最小二乘法**的基本原理吗？

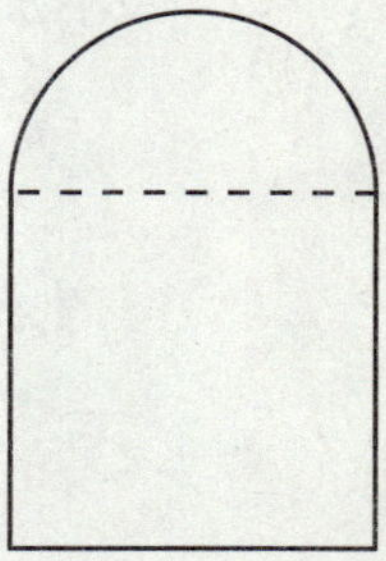

(第 5 题)

5. 如图用铁丝围成一个上面是半圆，下面是矩形的图形，其面积为 a m^2. 为使所用材料最省，底宽应为多少？

6. 已知某商品生产成本 C 与产量 q 的函数关系式为 $C=100+4q$，单价 p 与产量 q 的函数关系式为 $p=25-\frac{1}{8}q$. 问产量 q 为何值时，利润最大.

B 组

1. 房价应定为多少

   某宾馆有 50 个房间供游客居住，当每个房间定价为每天 180 元时，房间会全部住满；房间单价每增加 10 元，就会有一个房间空闲. 如果游客居住房间，宾馆每间每天需花费 20 元的各种维护费用. 房间定价多少时，宾馆利润最大？

2. 已知某商品进价为 a 元/件，根据以往经验，当售价是 b ($b\geqslant\frac{4}{3}a$) 元/件时，可卖出 c 件. 市场调查表明，当售价下降 10%时，销量可增加 40%. 现决定一次性降价，销售价为多少时，可获得最大利润？

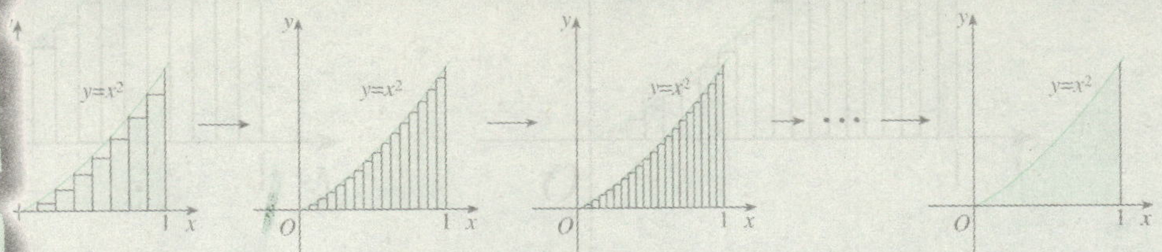

1.5 定积分的概念

在过去的学习中，我们已经知道正方形、三角形、平行四边形、梯形等平面“直边图形”的面积；物理中，我们知道了匀速直线运动的时间、速度与路程的关系等等. 在数学和物理中，我们还经常会遇到计算平面曲线围成的平面“曲边图形”的面积、变速直线运动物体位移、变力做功的问题. 如何解决这些问题呢？能否把求“曲边图形”面积转化为求“直边图形”面积？能否利用匀速直线运动的知识解决变速直线运动的问题？为此，我们需要学习新的数学知识——定积分.

在已学过的函数中，许多函数（例如 $y=x$，$y=x^2$，$y=\sqrt{x}$ 等）的图象都是某个区间 I 上的一条连续不断的曲线. 一般地，如果函数 $y=f(x)$ 在某个区间 I 上的图象是一条连续不断的曲线，那么我们就把它称为区间 I 上的连续函数.

如不加说明，下面研究的都是连续函数.

1.5.1 曲边梯形的面积

思考？

图 1.5-1 中，阴影部分类似于一个梯形，但有一边是曲线 $y=f(x)$ 的一段. 我们把由直线 $x=a$，$x=b$（$a\neq b$），$y=0$ 和曲线 $y=f(x)$ 所围成的图形称为曲边梯形. 如何计算这个曲边梯形的面积呢？

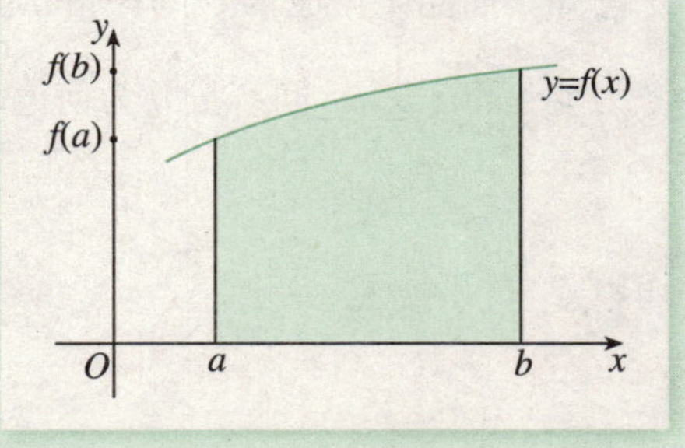

图 1.5-1

下面先研究一个特殊情形：如何求由抛物线 $y=x^2$ 与直线 $x=1$，$y=0$ 所围成的平面图形（图 1.5-2 中的阴影部分）的面积 S？

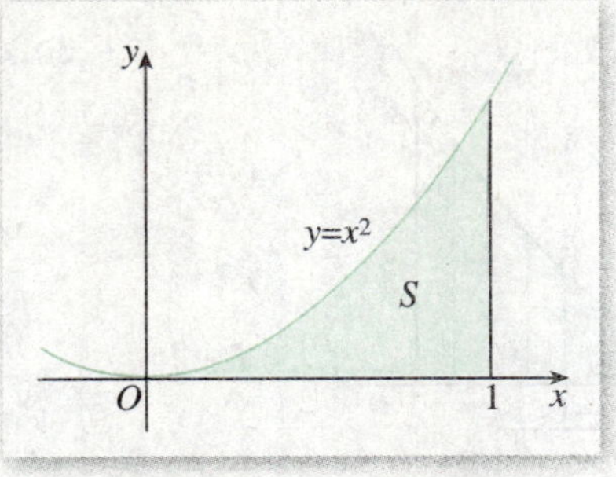

图 1.5-2

图 1.5-2 中的图形可以看成是直线 $x=0$，$x=1$，$y=0$ 和曲线 $y=x^2$ 所围成的曲边梯形.

思考？

图 1.5-2 中的曲边梯形与我们熟悉的“直边图形”的主要区别是什么？能否将求这个曲边梯形面积 S 的问题转化为求“直边图形”面积的问题？

可以发现，图 1.5-2 中的曲边梯形与“直边图形”的主要区别是，前者有一边是曲线段，而“直边图形”的所有边都是直线段.

在过去的学习中，我们曾经用正多边形逼近圆的方法，利用正多边形面积求出了圆的面积. 这种“以直代曲”的思想启发我们，是否也能用直边形（比如矩形）逼近曲边梯形的方法，求图 1.5-2 中阴影部分面积呢？

如图 1.5-3，把区间 $[0, 1]$ 分成许多小区间，进而把曲边梯形拆分为一些小曲边梯形. 对每个小曲边梯形“以直代曲”，即用矩形的面积近似代替小曲边梯形的面积，得到每个小曲边梯形面积的近似值，对这些近似值求和，就得到曲边梯形面积的近似值. 可以想象，随着拆分越来越细，近似程度就会越来越好. 也即：用化归为计算矩形面积和逼近的思想方法求出曲边梯形的面积. 我们通过下面的步骤来具体实施这种方法.

（1）分割

在区间 $[0, 1]$ 上等间隔地插入 $n-1$ 个点，将它等分成 n 个小区间：

$$\left[0, \frac{1}{n}\right], \left[\frac{1}{n}, \frac{2}{n}\right], \cdots, \left[\frac{n-1}{n}, 1\right],$$

记第 i 个区间为 $\left[\frac{i-1}{n}, \frac{i}{n}\right]$ $(i=1, 2, \cdots, n)$，其长度为

$$\Delta x=\frac{i}{n}-\frac{i-1}{n}=\frac{1}{n}.$$

分别过上述 $n-1$ 个分点作 x 轴的垂线，把曲边梯形分成 n 个小曲边梯形（图 1.5-3），它们的面积记作：

$$\Delta S_1, \Delta S_2, \cdots, \Delta S_n.$$

显然，$S=\sum\limits_{i=1}^{n}\Delta S_i$.

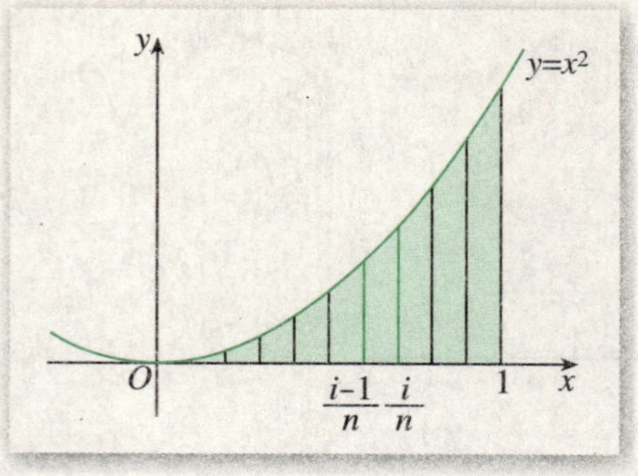

图 1.5-3

(2) 近似代替

记 $f(x)=x^2$. 如图 1.5-3，当 n 很大，即 Δx 很小时，在区间 $\left[\frac{i-1}{n}, \frac{i}{n}\right]$ 上，可以认为函数 $f(x)=x^2$ 的值变化很小，近似地等于一个常数，不妨认为它近似地等于左端点 $\frac{i-1}{n}$ 处的函数值 $f\left(\frac{i-1}{n}\right)$. 从图形上看，就是用平行于 x 轴的直线段近似地代替小曲边梯形的曲边（图 1.5-4）. 这样，在区间 $\left[\frac{i-1}{n}, \frac{i}{n}\right]$ 上，用小矩形的面积 $\Delta S'_i$ 近似地代替 ΔS_i，即在局部小范围内“以直代曲”，则有

$$\Delta S_i \approx \Delta S'_i = f\left(\frac{i-1}{n}\right)\Delta x = \left(\frac{i-1}{n}\right)^2 \cdot \Delta x$$
$$= \left(\frac{i-1}{n}\right)^2 \cdot \frac{1}{n} \quad (i=1, 2, \cdots, n). \qquad ①$$

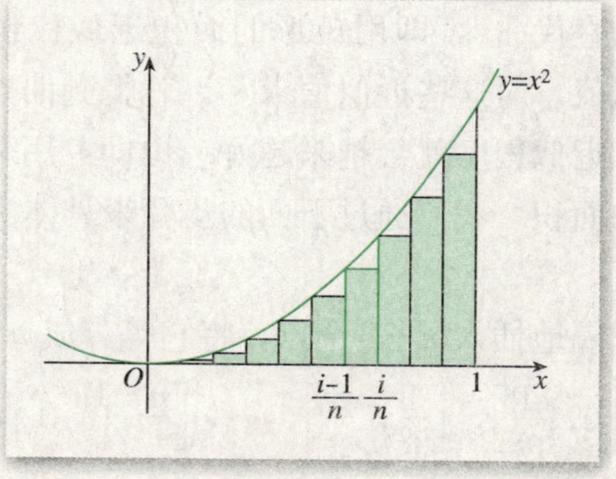

图 1.5-4

(3) 求和

由①，图 1.5-4 中阴影部分的面积 S_n 为

$$S_n = \sum_{i=1}^{n} \Delta S'_i = \sum_{i=1}^{n} f\left(\frac{i-1}{n}\right)\Delta x = \sum_{i=1}^{n}\left(\frac{i-1}{n}\right)^2 \cdot \frac{1}{n}$$
$$= 0 \cdot \frac{1}{n} + \left(\frac{1}{n}\right)^2 \cdot \frac{1}{n} + \cdots + \left(\frac{n-1}{n}\right)^2 \cdot \frac{1}{n}$$
$$= \frac{1}{n^3}\left[1^2+2^2+\cdots+(n-1)^2\right] ❶$$

❶ 可以证明
$1^2+2^2+\cdots+(n-1)^2 = \frac{(n-1)n(2n-1)}{6}$.

$$=\frac{1}{n^3}\frac{(n-1)n(2n-1)}{6}$$
$$=\frac{1}{3}\left(1-\frac{1}{n}\right)\left(1-\frac{1}{2n}\right).$$

从而得到 S 的近似值

$$S\approx S_n=\frac{1}{3}\left(1-\frac{1}{n}\right)\left(1-\frac{1}{2n}\right).$$

（4）取极限

分别将区间［0，1］等分成 8，16，20，…等份（图1.5-5），可以看到，当 n 趋向于无穷大，即 Δx 趋向于 0 时，$S_n=\frac{1}{3}\left(1-\frac{1}{n}\right)\left(1-\frac{1}{2n}\right)$趋向于 S❶，从而有

$$S=\lim_{n\to\infty}S_n=\lim_{n\to\infty}\sum_{i=1}^{n}\frac{1}{n}f\left(\frac{i-1}{n}\right)$$
$$=\lim_{n\to\infty}\frac{1}{3}\left(1-\frac{1}{n}\right)\left(1-\frac{1}{2n}\right)=\frac{1}{3}.$$

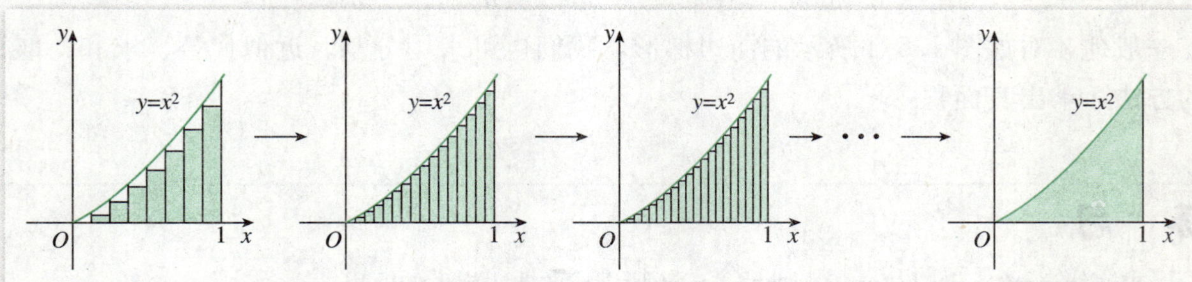

图 1.5-5

我们还可以从数值上看出这一变化趋势（表 1-1）.

表 1-1

区间［0，1］的等分数 n	S 的近似值 S_n
2	0.125 000 00
4	0.218 750 00
8	0.273 437 50
16	0.302 734 38
32	0.317 871 09
64	0.325 561 52
128	0.329 437 26
256	0.331 382 75
512	0.332 357 41
1 024	0.332 845 21
2 048	0.333 089 23
…	…

❶ 可以借助计算机观察这个过程.

探究

在“近似代替”中，如果认为函数 $f(x)=x^2$ 在区间 $\left[\frac{i-1}{n},\ \frac{i}{n}\right]$ $(i=1,\ 2,\ \cdots,\ n)$ 上的值近似地等于右端点 $\frac{i}{n}$ 处的函数值 $f\left(\frac{i}{n}\right)$，用这种方法能求出 S 的值吗？若能求出，这个值也是 $\frac{1}{3}$ 吗？取任意 $\xi_i\in\left[\frac{i-1}{n},\ \frac{i}{n}\right]$ 处的函数值 $f(\xi_i)$ 作为近似值，情况又怎样？

可以证明，取 $f(x)=x^2$ 在区间 $\left[\frac{i-1}{n},\ \frac{i}{n}\right]$ 上任意一点 ξ_i 处的值 $f(\xi_i)$ 作为近似值，都有

$$S=\lim_{\Delta x\to 0}\sum_{i=1}^{n}f(\xi_i)\Delta x=\lim_{n\to\infty}\sum_{i=1}^{n}\frac{1}{n}f(\xi_i)=\frac{1}{3}.$$

一般地，对如图 1.5-1 所示的曲边梯形，我们也可采用分割、近似代替、求和、取极限的方法，求出其面积.

练　习

求直线 $x=0$，$x=2$，$y=0$ 与曲线 $y=x^2$ 所围成的曲边梯形的面积.

1.5.2　汽车行驶的路程

利用导数我们解决了“已知物体运动路程与时间的关系，求物体运动速度”的问题. 反之，如果已知物体的速度与时间的关系，如何求其在一定时间内经过的路程呢？

思考

汽车以速度 v 作匀速直线运动时，经过时间 t 所行驶的路程为 $s=vt$❶. 如果汽车作变速直线运动，在时刻 t 的速度为 $v(t)=-t^2+2$（t 的单位：h，v 的单位：km/h），那么它在 $0\leqslant t\leqslant 1$ 这段时间内行驶的路程 s（单位：km）是多少？

❶ 我们这里所说的“汽车行驶的路程”在物理中的标准说法是“汽车的位移”.

与求曲边梯形面积类似，我们采取“以不变代变”的方法，把求变速直线运动的路程问题，化归为求匀速直线运动的路程问题. 即将区间 [0，1] 等分成 n 个小区间，在每个

小区间上，由于 $v(t)$ 的变化很小，可以认为汽车近似于作匀速直线运动，从而求得汽车在每个小区间上行驶路程的近似值，再求和得 s 的近似值，最后让 n 趋向于无穷大就得到 s 的精确值.

（1）分割

在时间区间 $[0,1]$ 上等间隔地插入 $n-1$ 个分点，将它等分成 n 个小区间：

$$\left[0,\frac{1}{n}\right],\left[\frac{1}{n},\frac{2}{n}\right],\cdots,\left[\frac{n-1}{n},1\right],$$

记第 i 个区间为 $\left[\frac{i-1}{n},\frac{i}{n}\right]$（$i=1,2,\cdots,n$），其长度为

$$\Delta t=\frac{i}{n}-\frac{i-1}{n}=\frac{1}{n}.$$

把汽车在时间段 $\left[0,\frac{1}{n}\right]$，$\left[\frac{1}{n},\frac{2}{n}\right]$，…，$\left[\frac{n-1}{n},1\right]$ 上行驶的路程分别记作：

$$\Delta s_1,\ \Delta s_2,\ \cdots,\ \Delta s_n,$$

则显然有 $s=\sum\limits_{i=1}^{n}\Delta s_i$.

（2）近似代替

当 n 很大，即 Δt 很小时，在区间 $\left[\frac{i-1}{n},\frac{i}{n}\right]$ 上，函数 $v(t)=-t^2+2$ 的值变化很小，近似地等于一个常数，不妨认为它近似地等于左端点 $\frac{i-1}{n}$ 处的函数值 $v\left(\frac{i-1}{n}\right)=-\left(\frac{i-1}{n}\right)^2+2$. 从物理意义看，就是汽车在时间段 $\left[\frac{i-1}{n},\frac{i}{n}\right]$（$i=1,2,\cdots,n$）上速度的变化很小，不妨认为它近似地以时刻 $\frac{i-1}{n}$ 处的速度 $v\left(\frac{i-1}{n}\right)=-\left(\frac{i-1}{n}\right)^2+2$ 作匀速行驶，即在局部小范围内“以匀速代变速”. 于是

$$\begin{aligned}\Delta s_i\approx\Delta s'_i&=v\left(\frac{i-1}{n}\right)\Delta t=\left[-\left(\frac{i-1}{n}\right)^2+2\right]\cdot\frac{1}{n}\\&=-\left(\frac{i-1}{n}\right)^2\cdot\frac{1}{n}+\frac{2}{n}\ (i=1,2,\cdots,n).\end{aligned}\qquad ①$$

（3）求和

由①得

$$\begin{aligned}s_n&=\sum_{i=1}^{n}\Delta s'_i=\sum_{i=1}^{n}v\left(\frac{i-1}{n}\right)\Delta t\\&=\sum_{i=1}^{n}\left[-\left(\frac{i-1}{n}\right)^2\cdot\frac{1}{n}+\frac{2}{n}\right]\\&=-0\cdot\frac{1}{n}-\left(\frac{1}{n}\right)^2\cdot\frac{1}{n}-\cdots-\left(\frac{n-1}{n}\right)^2\cdot\frac{1}{n}+2\\&=-\frac{1}{n^3}\left[1^2+2^2+\cdots+(n-1)^2\right]+2\\&=-\frac{1}{n^3}\frac{(n-1)n(2n-1)}{6}+2=-\frac{1}{3}\left(1-\frac{1}{n}\right)\left(1-\frac{1}{2n}\right)+2.\end{aligned}$$

从而得到 s 的近似值

$$s\approx s_n=-\frac{1}{3}\left(1-\frac{1}{n}\right)\left(1-\frac{1}{2n}\right)+2.$$

（4）取极限

当 n 趋向于无穷大，即 Δt 趋向于 0 时，$s_n=-\frac{1}{3}\left(1-\frac{1}{n}\right)\left(1-\frac{1}{2n}\right)+2$ 趋向于 s，从而有

$$\begin{aligned}s&=\lim_{n\to\infty}s_n=\lim_{n\to\infty}\sum_{i=1}^{n}\frac{1}{n}v\left(\frac{i-1}{n}\right)^{❶}\\&=\lim_{n\to\infty}\left[-\frac{1}{3}\left(1-\frac{1}{n}\right)\left(1-\frac{1}{2n}\right)+2\right]\\&=\frac{5}{3}.\end{aligned}$$

❶ 事实上，我们可以认为汽车在每个小时间间隔 $\left[\frac{i-1}{n},\ \frac{i}{n}\right]$ 上近似地以任意时刻 $\xi_i\in\left[\frac{i-1}{n},\ \frac{i}{n}\right]$ 处的速度 $v(\xi_i)$ 作匀速行驶，并且我们有

$$\begin{aligned}s&=\lim_{\Delta t\to 0}\sum_{i=1}^{n}v(\xi_i)\Delta t\\&=\lim_{n\to\infty}\sum_{i=1}^{n}\frac{1}{n}v(\xi_i).\end{aligned}$$

探究

结合求曲边梯形面积的过程，你认为汽车行驶的路程 s 与由直线 $t=0$，$t=1$，$v=0$ 和曲线 $v=-t^2+2$ 所围成的曲边梯形的面积有什么关系？

由于 s_n 在数值上等于图 1.5-6 中所有小矩形的面积之和，其极限就是由直线 $t=0$，$t=1$，$v=0$ 和曲线 $v=-t^2+2$ 所围成的曲边梯形的面积，从而汽车行驶的路程 $s=\lim\limits_{n\to\infty}s_n$ 在数值上等于由直线 $t=0$，$t=1$，$v=0$ 和曲线 $v=-t^2+2$所围成的曲边梯形的面积.

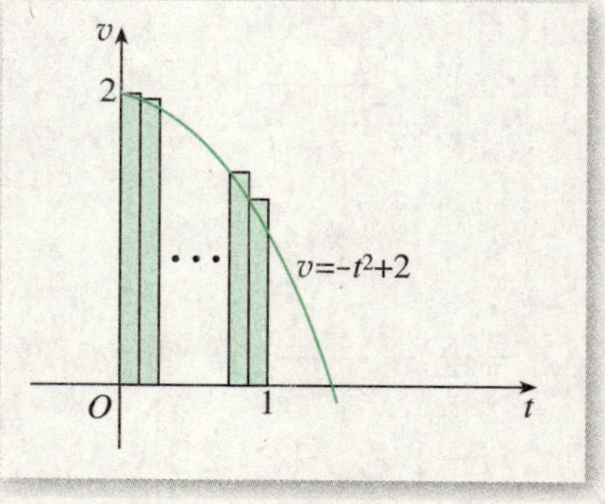

图 1.5-6

一般地，如果物体做变速直线运动，速度函数为$v=v(t)$，那么我们也可以采用分割、近似代替、求和、取极限的方法，求出它在 $a\leqslant t\leqslant b$ 内所作的位移 s.

练　习

1. 在上面的第二步“近似代替”中，如果我们认为在每个小时间间隔$\left[\frac{i-1}{n}, \frac{i}{n}\right]$（$i=1, 2, \cdots, n$）上，汽车近似地以时刻$\frac{i}{n}$处的速度$v\left(\frac{i}{n}\right)=-\left(\frac{i}{n}\right)^2+2$作匀速行驶，从而得到汽车行驶的总路程$s$的近似值，用这种方法能求出$s$的值吗？若能求出，这个值也是$\frac{5}{3}$吗？
2. 一辆汽车在笔直的公路上变速行驶，设汽车在时刻t的速度为$v(t)=-t^2+5$（t的单位：h，v的单位：km/h），试计算这辆汽车在$0\leqslant t\leqslant 2$这段时间内汽车行驶的路程s（单位：km）.

1.5.3　定积分的概念

从求曲边梯形面积以及求变速直线运动路程的过程可以发现，它们都可以通过“四步曲”：分割、近似代替、求和、取极限得到解决，且都可以归结为求一个特定形式和的极限：

曲边梯形面积

$$S=\lim_{\Delta x\to 0}\sum_{i=1}^{n}f(\xi_i)\Delta x=\lim_{n\to\infty}\sum_{i=1}^{n}\frac{1}{n}f(\xi_i);$$

变速运动的路程

$$s=\lim_{\Delta t\to 0}\sum_{i=1}^{n}v(\xi_i)\Delta t=\lim_{n\to\infty}\sum_{i=1}^{n}\frac{1}{n}v(\xi_i).$$

事实上，许多问题都可归结为求这种特定形式和的极限. 一般地，我们有

如果函数$f(x)$在区间$[a, b]$上连续，用分点

$$a=x_0<x_1<\cdots<x_{i-1}<x_i<\cdots<x_n=b$$

将区间$[a, b]$等分成n个小区间，在每个小区间$[x_{i-1}, x_i]$上任取一点ξ_i（$i=1, 2, \cdots, n$），作和式

$$\sum_{i=1}^{n}f(\xi_i)\Delta x=\sum_{i=1}^{n}\frac{b-a}{n}f(\xi_i),$$

当$n\to\infty$时，上述和式无限接近某个常数，这个常数叫做函数$f(x)$在区间$[a, b]$上的**定积分**（definite integral）❶，记作$\int_a^b f(x)\mathrm{d}x$，即

$$\int_a^b f(x)\mathrm{d}x=\lim_{n\to\infty}\sum_{i=1}^{n}\frac{b-a}{n}f(\xi_i),$$

这里，a与b分别叫做积分下限与积分上限，区间$[a, b]$叫做积分区间，函数$f(x)$叫做被积函数，x叫做积分变量，$f(x)\mathrm{d}x$叫做被积式.

❶ 当函数$f(x)$在区间$[a, b]$上连续时，这里的定义与定积分的一般定义是相当的，并且ξ_i可都取为每个小区间的左端点（或都取为右端点）.

根据定积分的概念，1.5.1 中曲边梯形的面积

$$S=\int_0^1 f(x)\mathrm{d}x=\int_0^1 x^2\mathrm{d}x=\frac{1}{3}.$$

同样地，1.5.2 中汽车在 $0\leqslant t\leqslant 1$ 这段时间内经过的路程

$$s=\int_0^1 v(t)\mathrm{d}t=\int_0^1(-t^2+2)\mathrm{d}t=\frac{5}{3}.$$

思考

你能说说定积分的几何意义吗？

从几何上看，如果在区间 $[a,b]$ 上函数 $f(x)$ 连续且恒有 $f(x)\geqslant 0$，那么定积分 $\int_a^b f(x)\mathrm{d}x$ 表示由直线 $x=a$，$x=b$ $(a\neq b)$，$y=0$ 和曲线 $y=f(x)$ 所围成的曲边梯形（图 1.5-7 中的阴影部分）的面积. 这就是定积分 $\int_a^b f(x)\mathrm{d}x$ 的几何意义.

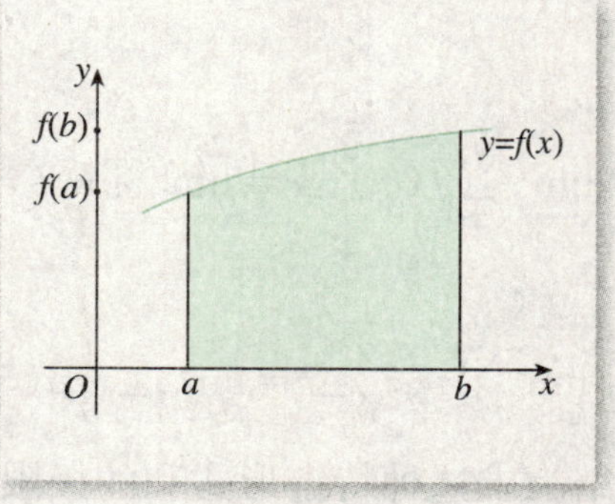

图 1.5-7

探究

根据定积分的几何意义，你能用定积分表示图 1.5-8 中阴影部分的面积 S 吗？

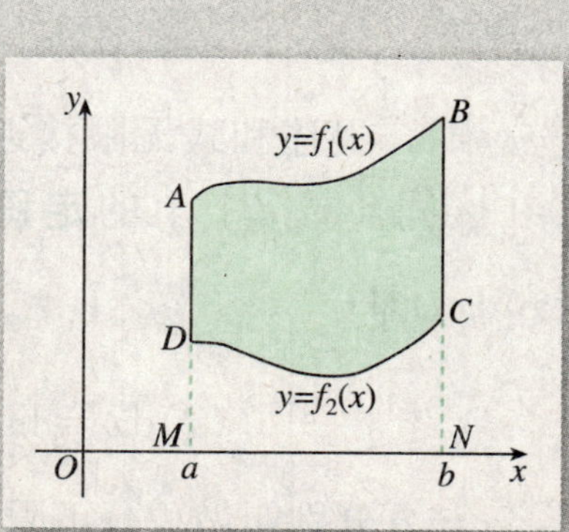

图 1.5-8

容易发现，

$$S=\int_a^b f_1(x)\mathrm{d}x-\int_a^b f_2(x)\mathrm{d}x.$$

例 1　利用定积分的定义，计算 $\int_0^1 x^3\mathrm{d}x$ 的值.

解：令 $f(x)=x^3$.

(1) 分割

在区间 $[0,1]$ 上等间隔地插入 $n-1$ 个分点，把区间 $[0,1]$ 等分成 n 个小区间 $\left[\frac{i-1}{n},\frac{i}{n}\right]$ $(i=1,2,\cdots,n)$，每个小区间的长度为 $\Delta x=\frac{i}{n}-\frac{i-1}{n}=\frac{1}{n}$.

(2) 近似代替、作和

取 $\xi_i=\frac{i}{n}$ $(i=1,2,\cdots,n)$，则

$$\begin{aligned}\int_0^1 x^3\mathrm{d}x\approx S_n&=\sum_{i=1}^n f\left(\frac{i}{n}\right)\cdot\Delta x\\&=\sum_{i=1}^n\left(\frac{i}{n}\right)^3\cdot\frac{1}{n}=\frac{1}{n^4}\sum_{i=1}^n i^3\\&=\frac{1}{n^4}\cdot\frac{1}{4}n^2(n+1)^2\\&=\frac{1}{4}\left(1+\frac{1}{n}\right)^2.\end{aligned}$$

$$\begin{aligned}\sum_{i=1}^n i^3&=1^3+2^3+\cdots+n^3\\&=\frac{1}{4}n^2(n+1)^2.\end{aligned}$$

(3) 取极限

$$\int_0^1 x^3\mathrm{d}x=\lim_{n\to\infty}S_n=\lim_{n\to\infty}\frac{1}{4}\left(1+\frac{1}{n}\right)^2=\frac{1}{4}.$$

由定积分的定义，可以得到定积分的如下性质：

(1) $\int_a^b kf(x)\mathrm{d}x=k\int_a^b f(x)\mathrm{d}x$ (k 为常数)；

(2) $\int_a^b[f_1(x)\pm f_2(x)]\mathrm{d}x=\int_a^b f_1(x)\mathrm{d}x\pm\int_a^b f_2(x)\mathrm{d}x$；

(3) $\int_a^b f(x)\mathrm{d}x=\int_a^c f(x)\mathrm{d}x+\int_c^b f(x)\mathrm{d}x$ (其中 $a<c<b$).

思考

你能从定积分的几何意义解释性质 (3) 吗？

练 习

计算 $\int_0^2 x^3 \mathrm{d}x$ 的值，并从几何上解释这个值表示什么.

曲边梯形的面积

对于图 1.5-2 中曲边梯形的面积 S，我们可以借助几何画板，按下面的操作步骤，展示“以直代曲”“逼近”的过程，从中体会“分割、近似代替、求和、取极限”是求曲边梯形面积的基本步骤，理解定积分的概念.

1. 用几何画板作出函数 $f(x)=x^2$ 在区间 $[0,\ 1]$ 上的图象.

2. 新建参数 n（如 $n=8$）. 用几何画板将区间 $[0,\ 1]$ 等分成 n 个小区间：

$$\left[0,\ \frac{1}{n}\right],\ \left[\frac{1}{n},\ \frac{2}{n}\right],\ \cdots,\ \left[\frac{n-1}{n},\ 1\right],$$

并画出相应的所有小曲边梯形.

3. 取 $f(x)=x^2$ 在区间 $\left[\frac{i-1}{n},\ \frac{i}{n}\right]$（$i=1,\ 2,\ \cdots,\ n$）上的值近似地等于左端点 $\frac{i-1}{n}$ 处的函数值 $f\left(\frac{i-1}{n}\right)$，则曲边梯形的面积 S 的不足近似值为 $a(n)=\sum\limits_{i=1}^{n} f\left(\frac{i-1}{n}\right)\frac{1}{n}=\sum\limits_{i=1}^{n}\left(\frac{i-1}{n}\right)^2\cdot\frac{1}{n}=\frac{1}{3}\left(1-\frac{1}{n}\right)\left(1-\frac{1}{2n}\right)$. 分别取 $n=8,\ 20$，画出相应的所有小矩形并计算出它们的面积，计算出曲边梯形的面积 S 的不足近似值 $a(n)=\sum\limits_{i=1}^{n}\left(\frac{i-1}{n}\right)^2\cdot\frac{1}{n}=\frac{1}{3}\left(1-\frac{1}{n}\right)\left(1-\frac{1}{2n}\right)$. 如图 1、图 2 所示.

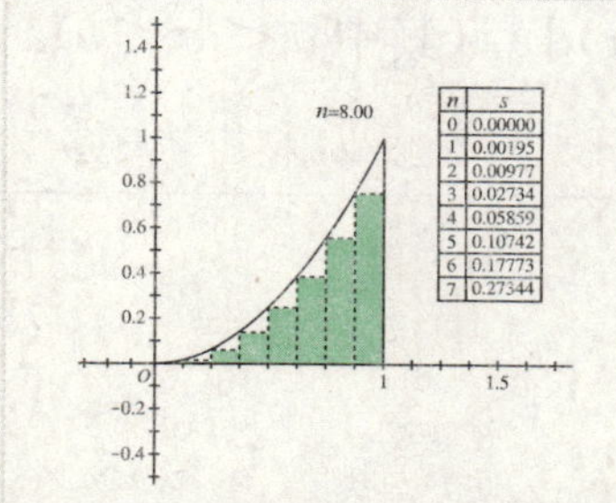

图 1

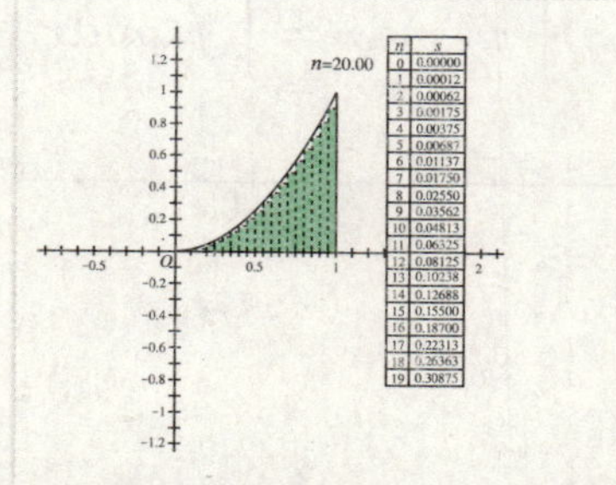

图 2

4. 取 $f(x)=x^2$ 在区间 $\left[\frac{i-1}{n},\ \frac{i}{n}\right]$（$i=1,\ 2,\ \cdots,\ n$）上的值近似地等于右端点 $\frac{i}{n}$ 处的

函数值 $f\left(\frac{i}{n}\right)$，则曲边梯形的面积 S 的过剩近似值为 $b(n)=\sum\limits_{i=1}^{n}f\left(\frac{i}{n}\right)\cdot\frac{1}{n}=\sum\limits_{i=1}^{n}\left(\frac{i}{n}\right)^{2}\cdot\frac{1}{n}=\frac{1}{3}\left(1+\frac{1}{n}\right)\left(1+\frac{1}{2n}\right)$. 分别取 $n=8$，20，画出相应的所有小矩形并计算出他们的面积，计算出曲边梯形的面积 S 的过剩近似值 $b(n)=\sum\limits_{i=1}^{n}\left(\frac{i}{n}\right)^{2}\cdot\frac{1}{n}=\frac{1}{3}\left(1+\frac{1}{n}\right)\left(1+\frac{1}{2n}\right)$. 如图 3、图 4 所示.

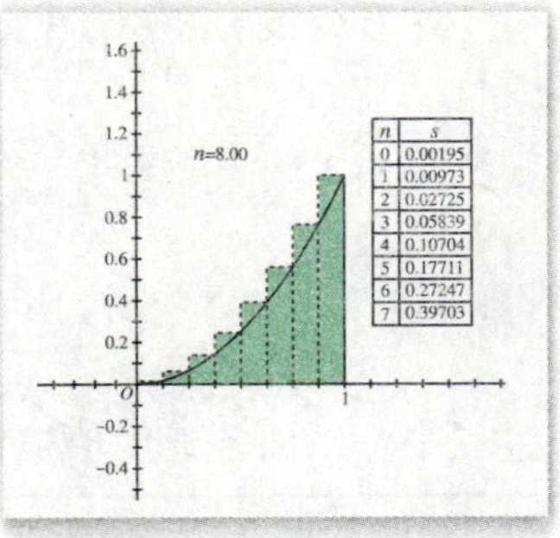

图 3

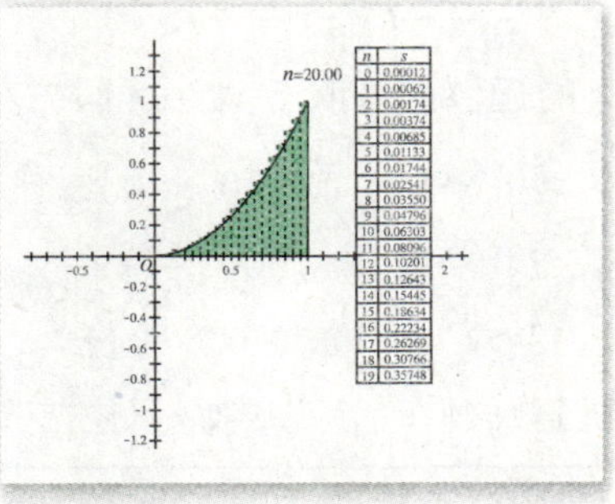

图 4

5. 逐渐增大参数 n 的值，分别取 $n=40$，100，200，1 949，2 008…，重复 2，3，4 三个步骤，并计算精确度 $c(n)=b(n)-a(n)$，得到如下表格：

区间 [0，1] 的等分数 n	S 的不足近似值 $a(n)$	S 的过剩近似值 $b(n)$	精确度 $c(n)$
8	0.273 437 50	0.398 437 50	0.125 000 00
20	0.308 750 00	0.358 750 00	0.050 000 00
40	0.320 937 50	0.345 937 50	0.025 000 00
100	0.328 350 00	0.338 350 00	0.010 000 00
200	0.330 837 50	0.335 837 50	0.005 000 00
1 949	0.333 076 84	0.333 589 92	0.000 513 08
2 008	0.333 084 37	0.333 582 38	0.000 498 01
…	…	…	…

通过上表的精确度 $c(n)$ 的变化趋势可以发现，区间 [0，1] 分得越细，则 $a(n)$ 或 $b(n)$ 作为 S 的近似值的误差就越小. 因此，当区间 [0，1] 的分划越来越细时，$a(n)$，$b(n)$ 分别从左右两边趋向于 S.

习题1.5

A 组

1. 求$\int_{1}^{2}(x-1)\mathrm{d}x$的近似值（取$\xi_i$为小区间的左端点）：

   (1) 把区间［1，2］平均分成100等份；

   (2) 把区间［1，2］平均分成500等份；

   (3) 把区间［1，2］平均分成1 000等份.

2. 一辆汽车在司机猛踩刹车后5 s内停下．在这一刹车过程中，下面各速度值被记录了下来：

刹车踩下后的时间（单位：s）	0	1	2	3	4	5
速度（单位：m/s）	27	18	12	7	3	0

   求刹车踩下后汽车滑过的距离的不足近似值（每个ξ_i均取为小区间的右端点）与过剩近似值（每个ξ_i均取为小区间的左端点）.

3. 利用定积分的定义，证明$\int_{a}^{b}1\mathrm{d}x=b-a$，其中$a$，$b$均为常数且$a<b$.

4. 试用定积分的几何意义说明$\int_{0}^{1}\sqrt{1-x^2}\,\mathrm{d}x$的大小.

5. 计算下列定积分，并从几何上解释这些值分别表示什么.

   (1) $\int_{-1}^{0}x^3\mathrm{d}x$； (2) $\int_{-1}^{1}x^3\mathrm{d}x$； (3) $\int_{-1}^{2}x^3\mathrm{d}x$.

B 组

1. 如图描述了一物体运动速度v（单位：m/s）的变化．请对这一物体在$t=0$到$t=6$（单位：s）之间走过的路程进行估计.

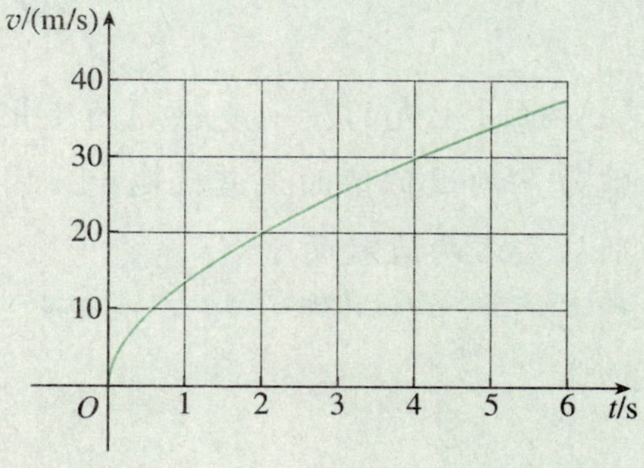

（第1题）

2. 一个物体从距离地面150 m的高空自由下落，加速度为9.81 m/s^2.

   (1) 写出速度作为时间的函数的表达式；

   (2) 将时间段［0，4］平均分成8等份，计算该物体下落的前4 s经过的距离的过剩近似值（每个ξ_i均取为小区间的右端点）与不足近似值（每个ξ_i均取为小区间的左端点）；

   (3) 试用定积分表示该物体前4 s内下落的距离s，并求出s的精确值.

3. 有一质量非均匀分布的细棒，已知其线密度为$\rho(x)=x^2$（取细棒所在的直线为x轴，细棒的一端为原点），棒长为l，试用定积分表示细棒的质量m.

1.6 微积分基本定理

从前面的学习中可以发现，虽然被积函数 $f(x)=x^3$ 非常简单，但直接用定积分的定义计算 $\int_0^1 x^3\mathrm{d}x$ 的值却比较麻烦. 对于有些定积分，例如 $\int_1^2 \frac{1}{x}\mathrm{d}x$❶，几乎不可能直接用定义计算. 那么，有没有更加简便、有效的方法求定积分呢？另外，我们已经学习了微积分学中两个最基本和最重要的概念——导数和定积分，这两个概念之间有没有内在的联系呢？我们能否利用这种联系求定积分呢？

❶ 请你尝试利用定积分定义计算 $\int_1^2 \frac{1}{x}\mathrm{d}x$.

我们先来探究一下导数和定积分的联系.

探究

如图 1.6-1，一个作变速直线运动的物体的运动规律是 $y=y(t)$. 由导数的概念可知，它在任意时刻 t 的速度 $v(t)=y'(t)$. 设这个物体在时间段 $[a, b]$ 内的位移为 s，你能分别用 $y(t)$，$v(t)$ 表示 s 吗？

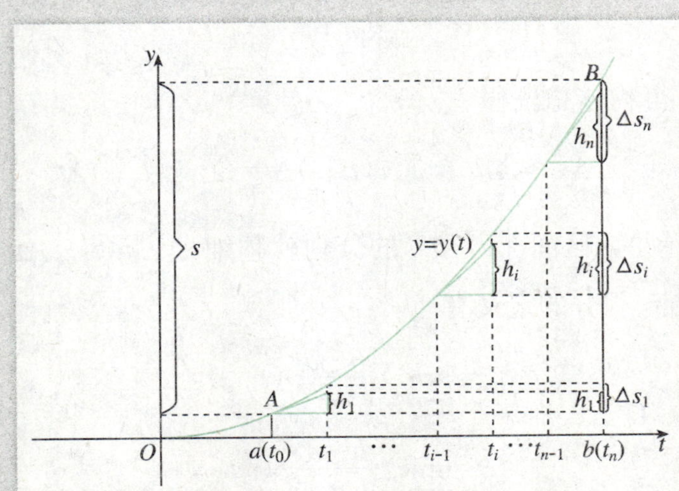

图 1.6-1

显然，物体的位移 s 是函数 $y=y(t)$ 在 $t=b$ 处与 $t=a$ 处的函数值之差，即

$$s=y(b)-y(a). \qquad ①$$

另一方面，我们还可以利用定积分，由 $v(t)$ 求位移 s.

用分点

$$a=t_0<t_1<\cdots<t_{i-1}<t_i<\cdots<t_n=b$$

将区间 $[a, b]$ 等分成 n 个小区间：

$$[t_0, t_1], [t_1, t_2], \cdots, [t_{i-1}, t_i], \cdots, [t_{n-1}, t_n],$$

每个小区间的长度均为

$$\Delta t=t_i-t_{i-1}=\frac{b-a}{n}.$$

当 Δt 很小时，在 $[t_{i-1}, t_i]$ 上，$v(t)$ 的变化很小，可以认为物体近似地以速度 $v(t_{i-1})$ 作匀速运动，物体所作的位移

$$\Delta s_i\approx h_i=v(t_{i-1})\Delta t=y'(t_{i-1})\Delta t=\frac{b-a}{n}y'(t_{i-1}). \qquad ②$$

从几何意义上看（图 1.6-2），设曲线 $y=y(t)$ 上与 t_{i-1} 对应的点为 P，PD 是 P 点处的切线，由导数的几何意义知，切线 PD 的斜率等于 $y'(t_{i-1})$，于是

$$\Delta s_i\approx h_i=\tan\angle DPC\cdot\Delta t=y'(t_{i-1})\cdot\Delta t.$$

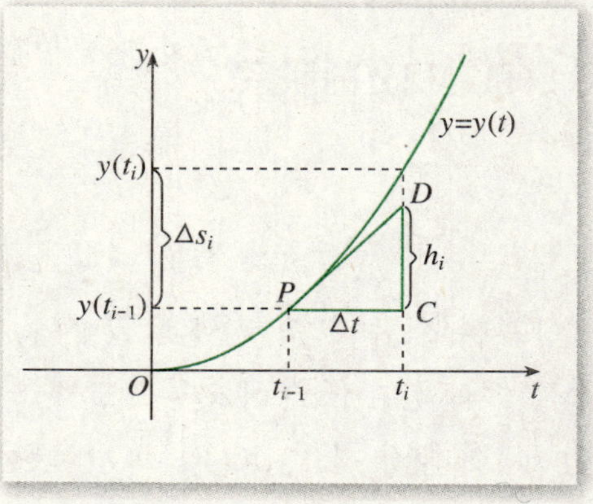

图 1.6-2

结合图 1.6-1，可得物体总位移

$$s=\sum_{i=1}^{n}\Delta s_i\approx\sum_{i=1}^{n}h_i=\sum_{i=1}^{n}v(t_{i-1})\Delta t=\sum_{i=1}^{n}y'(t_{i-1})\Delta t.$$

显然，n 越大，即 Δt 越小，区间 $[a, b]$ 的分划就越细，$\sum\limits_{i=1}^{n}v(t_{i-1})\Delta t=\sum\limits_{i=1}^{n}y'(t_{i-1})\Delta t$ 与 s 的近似程度就越好. 由定积分的定义有

$$\begin{aligned} s&=\lim_{n\to\infty}\sum_{i=1}^{n}\frac{b-a}{n}v(t_{i-1})\\ &=\lim_{n\to\infty}\sum_{i=1}^{n}\frac{b-a}{n}y'(t_{i-1})\\ &=\int_a^b v(t)\,\mathrm{d}t=\int_a^b y'(t)\,\mathrm{d}t. \end{aligned}$$

结合①有

$$s=\int_a^b v(t)\mathrm{d}t=\int_a^b y'(t)\mathrm{d}t=y(b)-y(a).$$

上式表明，如果作变速直线运动的物体的运动规律是$y=y(t)$，那么$v(t)=y'(t)$在区间 $[a, b]$ 上的定积分就是物体的位移 $y(b)-y(a)$.

一般地，如果 $f(x)$是区间 $[a, b]$ 上的连续函数，并且 $F'(x)=f(x)$，那么

$$\int_a^b f(x)\mathrm{d}x = F(b) - F(a).$$

这个结论叫做**微积分基本定理**（fundamental theorem of calculus），又叫做**牛顿-莱布尼兹公式**（Newton-Leibniz Formula）.

为了方便，我们常常把 $F(b)-F(a)$ 记成 $F(x)\big|_a^b$，即

$$\int_a^b f(x)\mathrm{d}x = F(x)\big|_a^b = F(b) - F(a).$$

微积分基本定理表明，计算定积分$\int_a^b f(x)\mathrm{d}x$ 的关键是找到满足$F'(x) = f(x)$ 的函数$F(x)$. 通常，我们可以运用基本初等函数的求导公式和导数的四则运算法则从反方向上求出$F(x)$.

例 1　计算下列定积分：

(1)$\int_1^2 \frac{1}{x}\,\mathrm{d}x$；　　　(2)$\int_1^3 \left(2x-\frac{1}{x^2}\right)\,\mathrm{d}x$.

解：(1) 因为

$$(\ln x)'=\frac{1}{x},$$

所以

$$\int_1^2 \frac{1}{x}\,\mathrm{d}x = \ln x\big|_1^2 = \ln 2 - \ln 1 = \ln 2.$$

(2) 因为

$$(x^2)'=2x,\ \left(\frac{1}{x}\right)'=-\frac{1}{x^2},$$

所以

$$\begin{aligned}\int_1^3 \left(2x-\frac{1}{x^2}\right)\,\mathrm{d}x &= \int_1^3 2x\,\mathrm{d}x - \int_1^3 \frac{1}{x^2}\,\mathrm{d}x \\ &= x^2\big|_1^3 + \frac{1}{x}\Big|_1^3 \\ &= (9-1) + \left(\frac{1}{3}-1\right) \\ &= \frac{22}{3}.\end{aligned}$$

例 2　计算下列定积分：

$$\int_0^{\pi} \sin x\,\mathrm{d}x,\int_{\pi}^{2\pi} \sin x\,\mathrm{d}x,\int_0^{2\pi} \sin x\,\mathrm{d}x.$$

由计算结果你能发现什么结论？试利用曲边梯形的面积表示所发现的结论.

解：因为

$$(-\cos x)'=\sin x,$$

所以

$$\int_0^{\pi}\sin x\,\mathrm{d}x=(-\cos x)\Big|_0^{\pi}$$
$$=(-\cos\pi)-(-\cos 0)=2;$$
$$\int_{\pi}^{2\pi}\sin x\,\mathrm{d}x=(-\cos x)\Big|_{\pi}^{2\pi}$$
$$=(-\cos 2\pi)-(-\cos\pi)=-2;$$
$$\int_0^{2\pi}\sin x\,\mathrm{d}x=(-\cos x)\Big|_0^{2\pi}$$
$$=(-\cos 2\pi)-(-\cos 0)=0.$$

可以发现，定积分的值可能取正值也可能取负值，还可能是 0：

(1) 当对应的曲边梯形位于 x 轴上方时（图 1.6-3），定积分的值取正值，且等于曲边梯形的面积；

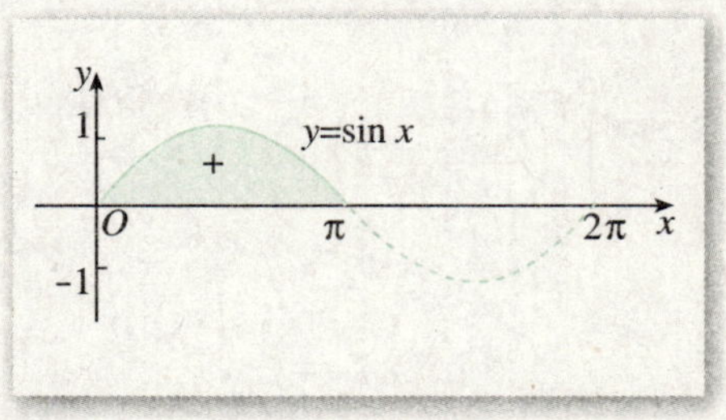

图 1.6-3

(2) 当对应的曲边梯形位于 x 轴下方时（图 1.6-4），定积分的值取负值，且等于曲边梯形的面积的相反数；

(3) 当位于 x 轴上方的曲边梯形面积等于位于 x 轴下方的曲边梯形面积时，定积分的值为 0（图 1.6-5），且等于位于 x 轴上方的曲边梯形面积减去位于 x 轴下方的曲边梯形面积.

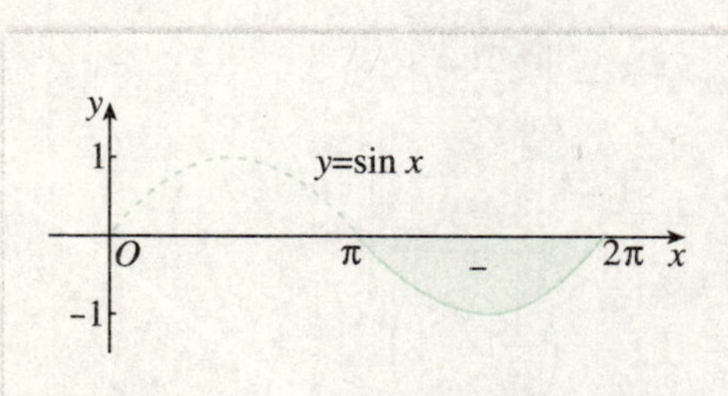

图 1.6-4

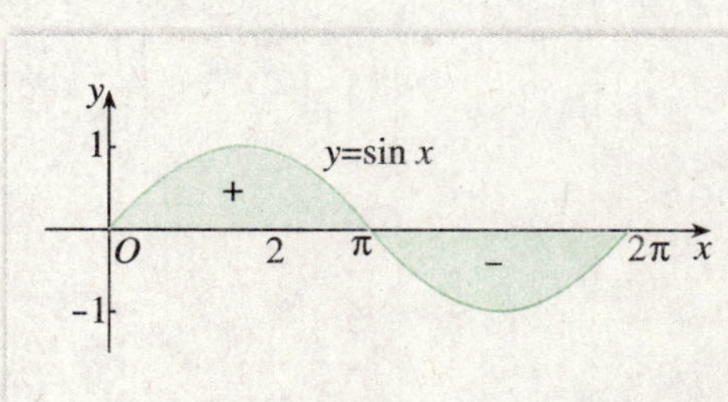

图 1.6-5

微积分基本定理揭示了导数和定积分之间的内在联系，同时它也提供了计算定积分的一种有效方法. 微积分基本定理是微积分学中最重要的定理，它使微积分学蓬勃发展起来，成为一门影响深远的学科，可以毫不夸张地说，微积分基本定理是微积分中最重要、最辉煌的成果.

练　习

计算下列定积分：

(1) $\int_0^5 4x\,\mathrm{d}x$；　　(2) $\int_0^5 (x^2-2x)\,\mathrm{d}x$；

(3) $\int_1^2 (\sqrt{x}-1)\,\mathrm{d}x$；　　(4) $\int_{-1}^3 (3x^2-2x+1)\,\mathrm{d}x$；

(5) $\int_1^2 \left(x-\frac{1}{x}\right)\mathrm{d}x$；　　(6) $\int_1^2 \frac{1}{x^2}\,\mathrm{d}x$；

(7) $\int_0^{\pi} \cos x\,\mathrm{d}x$；　　(8) $\int_{-\pi}^0 \sin x\,\mathrm{d}x$.

习题1.6

A 组

1. 计算定积分：

(1) $\int_0^2 (4-2x)(4-x^2)\,\mathrm{d}x$；　　(2) $\int_1^2 \frac{x^2-2x-3}{x}\,\mathrm{d}x$；

(3) $\int_2^3 \left(\sqrt{x}+\frac{1}{\sqrt{x}}\right)^2\mathrm{d}x$；　　(4) $\int_1^4 \sqrt{x}(1-\sqrt{x})\,\mathrm{d}x$；

(5) $\int_0^{\frac{\pi}{2}} (3x+\sin x)\,\mathrm{d}x$；　　(6) $\int_1^2 \left(\mathrm{e}^x-\frac{2}{x}\right)\mathrm{d}x$.

2. 计算定积分 $\int_0^{3\pi} \sin x\,\mathrm{d}x$ 的值，并从几何上解释这个值表示什么.

B 组

1. 计算定积分：

(1) $\int_0^1 \mathrm{e}^{2x}\,\mathrm{d}x$；　　(2) $\int_{\frac{\pi}{6}}^{\frac{\pi}{4}} \cos 2x\,\mathrm{d}x$；　　(3) $\int_1^3 2^x\,\mathrm{d}x$.

2. 设 m 是正整数，试证下列等式：

(1) $\int_{-\pi}^{\pi} \sin mx\,\mathrm{d}x=0$；　　(2) $\int_{-\pi}^{\pi} \cos mx\,\mathrm{d}x=0$；

(3) $\int_{-\pi}^{\pi} \sin^2 mx\,\mathrm{d}x=\pi$；　　(4) $\int_{-\pi}^{\pi} \cos^2 mx\,\mathrm{d}x=\pi$.

3. 一个实验物体从一飞机中弹出，但该物体的降落伞没能打开，弹出 t s后，物体的下落速度（在垂直方向的分速度）近似为：

$$v(t)=\frac{g}{k}(1-\mathrm{e}^{-kt})，（其中 g=9.8\ \mathrm{m/s^2}，k=0.2\ \mathrm{s^{-1}}）.$$

(1) 写出 t s后实验物体的下落距离的表达式；

(2) 如果实验物体从高出地面 5 000 m 的高空处弹出下落，那么经过大约多少秒后该物体将触到地面？

CHAPTER 1

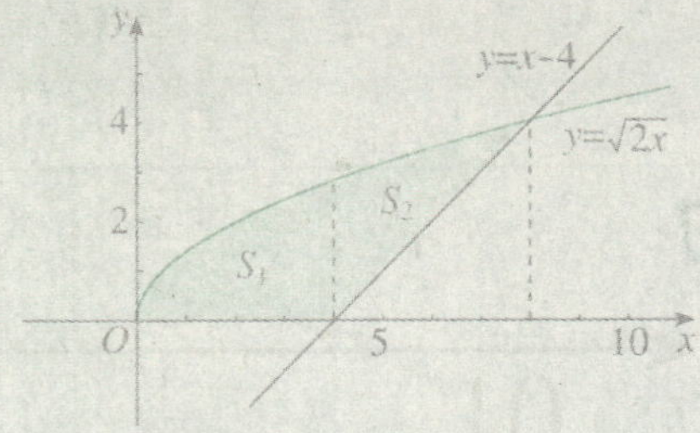

1.7 定积分的简单应用

我们已经看到，定积分可以用来计算曲边梯形的面积，求变速直线运动物体的位移. 事实上，定积分有着广泛的应用. 下面我们介绍定积分的一些简单应用.

1.7.1 定积分在几何中的应用

例 1 计算由曲线 $y^2=x$，$y=x^2$ 所围图形的面积 S.

分析：首先画出草图（图 1.7-1）. 从图中可以看出，所求图形的面积可以转化为两个曲边梯形面积的差，进而可以用定积分求面积 S. 为了确定出被积函数和积分的上、下限，我们需要求出两条曲线的交点的横坐标.

解：作出曲线 $y^2=x$，$y=x^2$ 的草图，所求面积为图 1.7-1 中阴影部分的面积.

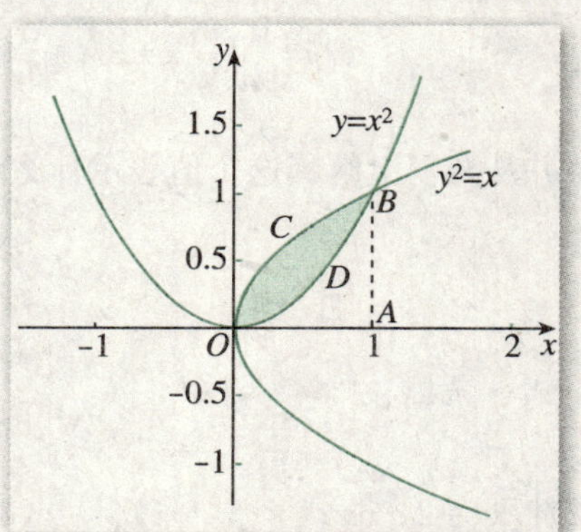

图 1.7-1

解方程组

$$\begin{cases}y^2=x,\\ y=x^2\end{cases}$$

得交点的横坐标为 $x=0$ 及 $x=1$.

因此，所求图形的面积为

$$S=S_{\text{曲边梯形}OABC}-S_{\text{曲边梯形}OABD}$$
$$=\int_0^1\sqrt{x}\,\mathrm{d}x-\int_0^1 x^2\,\mathrm{d}x$$

$$=\frac{2}{3}x^{\frac{3}{2}}\Big|_0^1-\frac{1}{3}x^3\Big|_0^1$$

$$=\frac{2}{3}-\frac{1}{3}$$

$$=\frac{1}{3}.$$

例 2　计算由直线 $y=x-4$，曲线 $y=\sqrt{2x}$以及 x 轴所围图形的面积 S.

分析： 首先画出草图（图 1.7-2），并设法把所求图形的面积问题转化为求曲边梯形的面积问题．与例 1 不同的是，还需把所求图形的面积分成两部分 S_1 和 S_2．为了确定出被积函数和积分的上、下限，需要求出直线 $y=x-4$ 与曲线 $y=\sqrt{2x}$的交点的横坐标，直线 $y=x-4$与 x 轴的交点.

解： 作出直线 $y=x-4$，曲线 $y=\sqrt{2x}$的草图，所求面积为图 1.7-2 中阴影部分的面积.

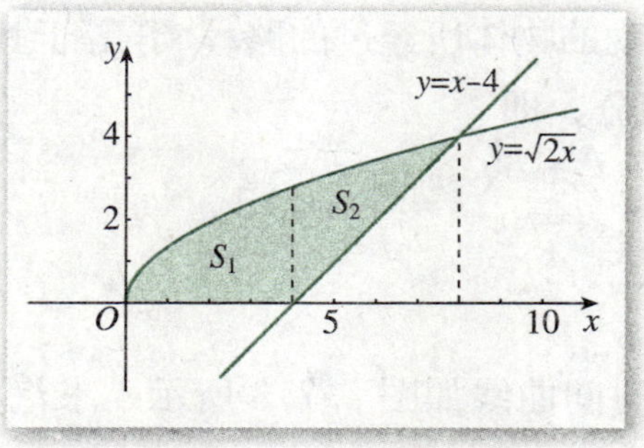

图 1.7-2

解方程组

$$\begin{cases} y=\sqrt{2x}, \\ y=x-4 \end{cases}$$

得直线 $y=x-4$ 与曲线 $y=\sqrt{2x}$交点的坐标为（8，4）.

直线 $y=x-4$ 与 x 轴的交点为（4，0）.

因此，所求图形的面积为

$$S=S_1+S_2$$

$$=\int_0^4\sqrt{2x}\,dx+\left[\int_4^8\sqrt{2x}\,dx-\int_4^8(x-4)dx\right]$$

$$=\frac{2\sqrt{2}}{3}x^{\frac{3}{2}}\Big|_0^4+\frac{2\sqrt{2}}{3}x^{\frac{3}{2}}\Big|_4^8-\frac{1}{2}(x-4)^2\Big|_4^8$$

$$=\frac{40}{3}.$$

思考

本题还有其他解法吗？如果有，请写出你的解法，并比较一下这些解法.

由上面的例题可以发现，在利用定积分求平面图形的面积时，一般要先画出它的草图，再借助图形直观确定出被积函数以及积分的上、下限.

练 习

求下列曲线所围成的图形的面积：

(1) $y=x^2$，$y=2x+3$； (2) $y=e^x$，$y=e$，$x=0$.

1.7.2 定积分在物理中的应用

1. 变速直线运动的路程

我们知道，作变速直线运动的物体所经过的路程 s，等于其速度函数 $v=v(t)$ ($v(t)\geqslant 0$) 在时间区间 $[a, b]$ 上的定积分，即

$$s=\int_a^b v(t)\mathrm{d}t.$$

例 3 一辆汽车的速度-时间曲线如图 1.7-3 所示. 求汽车在这 1 min 行驶的路程.

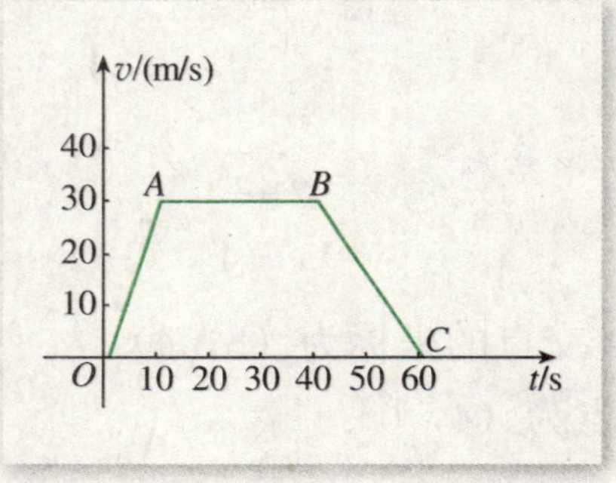

图 1.7-3

解：由速度-时间曲线可知：

$$v(t)=\begin{cases}3t, & 0\leqslant t\leqslant 10,\\ 30, & 10\leqslant t\leqslant 40,\\ -1.5t+90, & 40\leqslant t\leqslant 60.\end{cases}$$

因此汽车在这 1 min 行驶的路程是：

$$\begin{aligned}s&=\int_0^{10}3t\,\mathrm{d}t+\int_{10}^{40}30\mathrm{d}t+\int_{40}^{60}(-1.5t+90)\mathrm{d}t\\&=\frac{3}{2}t^2\Big|_0^{10}+30t\Big|_{10}^{40}+\left(-\frac{3}{4}t^2+90t\right)\Big|_{40}^{60}\\&=1\,350\ (\mathrm{m}).\end{aligned}$$

答：汽车在这 1 min 行驶的路程是 1 350 m.

2. 变力作功

一物体在恒力 F（单位：N）的作用下做直线运动，如果物体沿着与 F 相同的方向移动了 s（单位：m），则力 F 所作的功为

$$W=Fs.$$

探究

如果物体在变力 $F(x)$ 的作用下做直线运动，并且物体沿着与 $F(x)$ 相同的方向从 $x=a$ 移动到 $x=b$（$a<b$），那么如何计算变力 $F(x)$ 所作的功 W 呢？

与求曲边梯形的面积和求变速直线运动的路程一样，可以用“四步曲”解决变力作功问题. 可以得到

$$W=\int_a^b F(x)\mathrm{d}x.$$

例 4　如图 1.7-4，在弹性限度内，将一弹簧从平衡位置拉到离平衡位置 l m 处，求克服弹力所作的功.

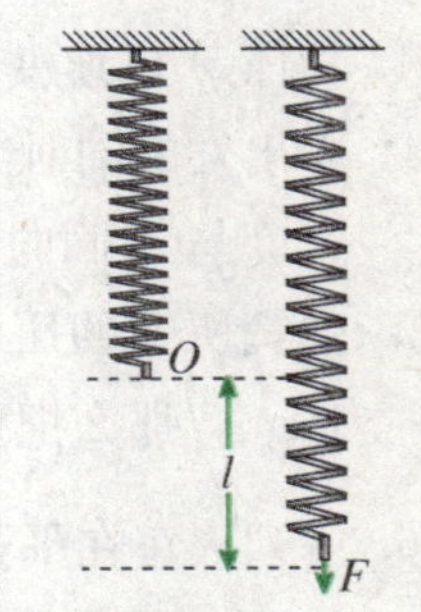

图 1.7-4

解： 在弹性限度内，拉伸（或压缩）弹簧所需的力 $F(x)$ 与弹簧拉伸（或压缩）的长度 x 成正比，即

$$F(x)=kx,$$

其中常数 k 是比例系数.

由变力作功公式，得到

$$W=\int_0^l kx\,\mathrm{d}x=\frac{1}{2}kx^2\Big|_0^l=\frac{1}{2}kl^2 \text{ (J)}.$$

答：克服弹力所作的功为 $\frac{1}{2}kl^2$ J.

练　习

1. 一物体沿直线以 $v=2t+3$（t 的单位：s，v 的单位：m/s）的速度运动，求该物体在 3～5 s 间行进的路程.
2. 一物体在力 $F(x)=3x+4$（x 的单位：m，F 的单位：N）的作用下，沿着与力 F 相同的方向，从 $x=0$ 处运动到 $x=4$ 处，求力 $F(x)$ 所作的功.

习题1.7

A 组

1. 求下列曲线所围成图形的面积：

(1) 曲线 $y=\cos x$，$x=\frac{\pi}{2}$，$x=\frac{3\pi}{2}$，$y=0$；

(2) 曲线 $y=9-x^2$，$y=x+7$.

2. 把一个带 $+q$ 电量的点电荷放在 r 轴上原点处，形成一个电场，已知在该电场中，距离原点为 r 处的单位电荷受到的电场力由公式 $F=k\frac{q}{r^2}$（其中 k 为常数）确定. 在该电场中，一个单位正电荷在电场力的作用下，沿着 r 轴的方向从 $r=a$ 处移动到 $r=b$ $(a<b)$ 处，求电场力对它所做的功.

3. 以初速度 40 m/s 垂直向上抛一物体，t s 时刻的速度（单位：m/s）为 $v=40-10t$，问多少秒后此物体达到最高？最大高度是多少？

4. 物体 A 以速度 $v=3t^2+1$（t 的单位：s，v 的单位：m/s）在一直线上运动，在此直线上与物体 A 出发的同时，物体 B 在物体 A 的正前方 5 m 处以 $v=10t$（t 的单位：s，v 的单位：m/s）的速度与 A 同向运动，两物体何时相遇？相遇地与物体 A 的出发地的距离是多少？

5. 弹簧所受的压缩力 F 与缩短的距离 l 按胡克定律 $F=kl$ 计算. 如果 10 N 的力能使弹簧压缩 1 cm，那么把弹簧从平衡位置压缩 10 cm（在弹性限度内）要作多少功？

6. 一列火车在平直的铁轨上行驶，由于遇到紧急情况，火车以速度 $v(t)=5-t+\frac{55}{1+t}$（t 的单位：s，v 的单位：m/s）紧急刹车至停止. 求

(1) 从开始紧急刹车至火车完全停止所经过的时间；

(2) 紧急刹车后火车运行的路程.

B 组

1. 由定积分的性质和几何意义，说明下列各式的值：

(1) $\int_{-a}^{a}\sqrt{a^2-x^2}\,\mathrm{d}x$；　　(2) $\int_{0}^{1}(\sqrt{1-(x-1)^2}-x)\mathrm{d}x$.

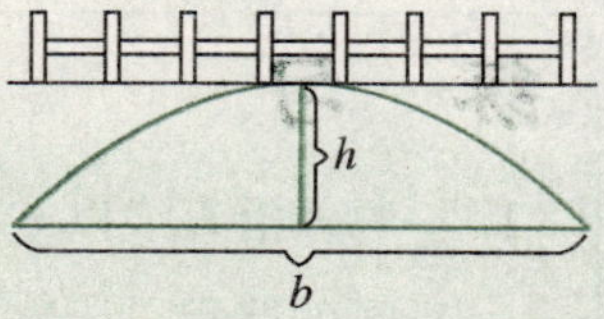

（第 2 题）

2. 如图，一桥拱的形状为抛物线，已知该抛物线拱的高为常数 h，宽为常数 b. 求证：抛物线拱的面积 $S=\frac{2}{3}bh$.

3. 求由曲线 $y=x^2+2$ 与直线 $y=3x$，$x=0$，$x=2$ 所围成平面图形的面积.

4. 证明：把质量为 m（单位：kg）的物体从地球表面升高 h（单位：m）所作的功为

$$W=G\frac{Mmh}{R(R+h)},$$

其中 G 是地球引力常数，M 是地球的质量，R 是地球的半径.

实习作业

走进微积分

目的

通过收集微积分创立的时代背景和历史意义的有关材料，体会微积分在数学思想史和科学思想史上的价值.

过程

1. 微积分（differential and integral calculus）是研究函数的微分（differential）、积分（integral）以及有关概念和应用的数学分支. 微积分中的基本概念是极限、导数、积分等. 导数、定积分都是微积分中的核心概念.

◆ 请同学们收集介绍“微积分”的有关书籍，了解微积分的研究对象，以及微积分的基本概念.

2. 微积分的创立不仅是数学思想史上的里程碑，也是科学思想史上的里程碑.

◆ 请同学们收集历史上对微积分创立和发展的一些重要评价.

3. 微积分的创立具有悠久的历史渊源.

◆ 请同学们收集历史上我国和古代欧洲有关微积分思想的一些代表性的工作.

4. 微积分的创立有深刻的时代背景，当时的技术对数学提出了许多要求.

◆ 请同学们通过收集从欧洲文艺复兴到 17 世纪期间的社会、经济状况、科学发展、贸易、航运等情况，了解它们对数学的要求.

5. 牛顿和莱布尼兹是微积分的创立者.

牛顿

莱布尼兹

◆请同学们收集牛顿和莱布尼兹的生平资料，以及他们创立微积分时所做的开创性工作.

思考

微积分的创立说明了什么？它的历史意义是什么？你有什么体会？

要求

以小组为单位，按上述问题分头收集材料，最后汇总. 每组写一个实习报告，各组分头交流.

主要参考书目：

[1]《中国大百科全书》(数学卷)，中国大百科全书出版社.
[2]《古今数学思想》，第二册，上海科学技术出版社.
[3]《数学的源与流》，高等教育出版社.
[4]《数学的思想、方法和应用》，北京大学出版社.

小　结

一、本章知识结构

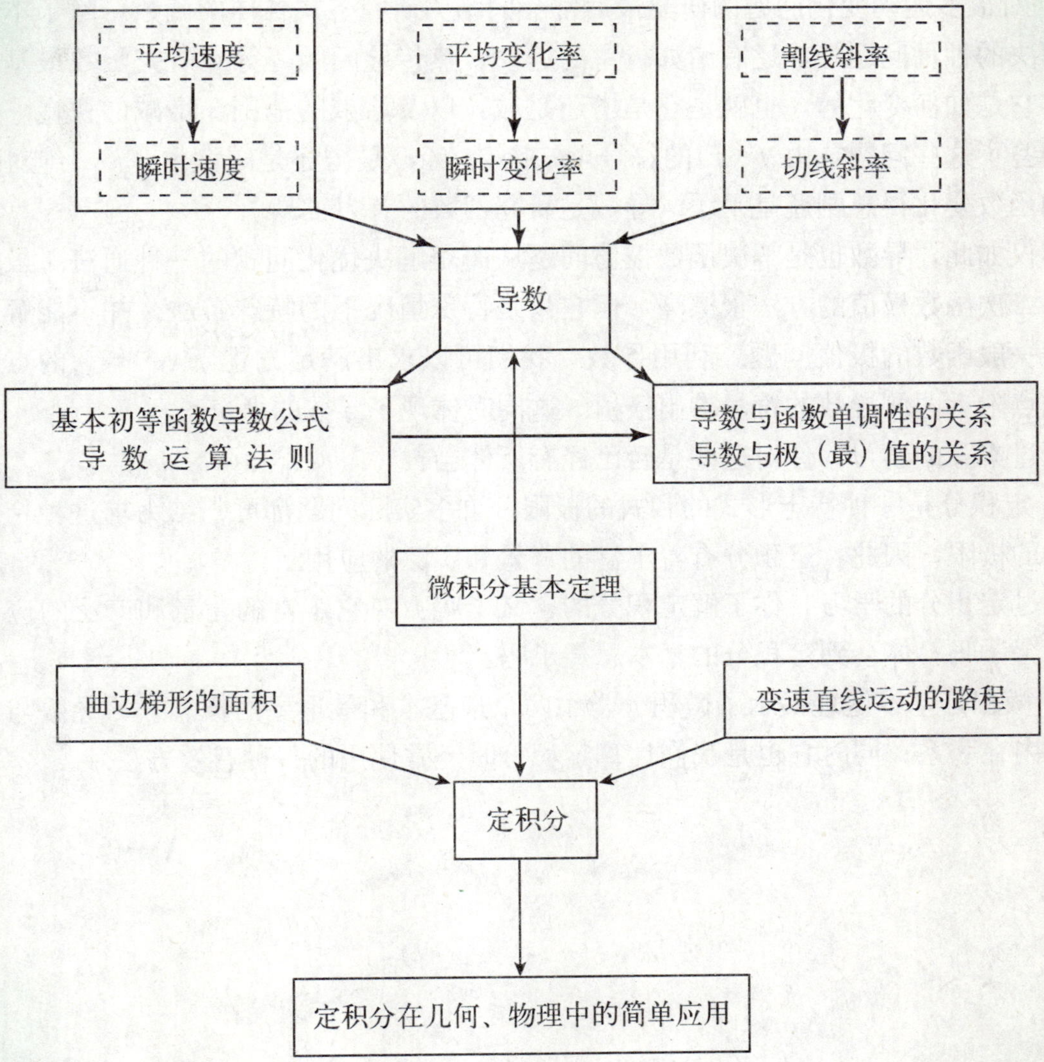

二、回顾与思考

1. 函数 $y=f(x)$ 在 $x=x_0$ 处的导数记作 $f'(x_0)$ 或 $y'|_{x=x_0}$. 其定义用符号表示是

$$f'(x_0)=\lim_{\Delta x\to 0}\frac{\Delta y}{\Delta x}=\lim_{\Delta x\to 0}\frac{f(x_0+\Delta x)-f(x_0)}{\Delta x}.$$

用语言来描述，就是：

当 Δx 趋近于 0 时，$\dfrac{f(x_0+\Delta x)-f(x_0)}{\Delta x}$ 趋于一个定数，这个定数就是 $f'(x_0)$.

通过本章的学习，你对导数概念有什么认识？有人说，导数概念的核心是变化率，你是怎么想的？

2. 你能从物理和几何两方面解释导数的意义吗？

请你根据导数的几何意义，画出在 $f(12)=8$，$f'(12)=0$ 条件下，函数 $y=f(x)$ 在点 $x=12$ 附近图象的大致形状.

请你根据导数的物理意义，举出一些实际例子.

3. 对很多运动变化问题的研究最后都会归结为研究各式各样的函数，除了本章中我们已解决的种种问题外，还有诸如行星的运动、热传导问题等等. 研究函数最基本的问题是，它是如何变化的，也就是它是增还是减，以及增减的范围、增减的快慢. 导数简明地回答了这些问题：由 $f'(x)$ 的符号可知函数 $f(x)$ 是增还是减，由 $f'(x)$ 绝对值的大小可知函数变化得急剧还是平缓. 导数是研究函数的有力工具.

不仅如此，导数也是解决函数极值问题从而是解决优化问题的一种通法. 虽然用配方法求二次函数极值的方法很漂亮，但它只是特殊情况下的特殊解法，并不能解决三次函数等一般函数的极值问题. 利用导数，我们可以求出满足方程 $f'(x)=0$ 的点，然后根据此点附近两侧导数的符号求出极值. 这同时体现了导数的力量.

通过本章的学习，你对这些是否已经有所体会？

4. 定积分是一种特定形式的和式的极限. 许多实际问题都可归结为求这种特定形式的和式的极限，因此，定积分有着丰富的背景和广泛的应用.

通过定积分的学习，你了解定积分的含义了吗？对它丰富的背景和广泛的应用有初步的体会了吗？体会到定积分的基本思想了吗？

5. 微积分基本定理揭示了微积分学中两个最基本和最重要的概念——导数与定积分之间的内在联系；同时它也是我们计算定积分时经常使用的一种有效方法.

复习参考题

A 组

1. 已知点 P 和点 Q 是曲线 $y=x^2-2x-3$ 上的两点，且点 P 的横坐标是 1，点 Q 的横坐标是 4，求：

(1) 割线 PQ 的斜率；

(2) 点 P 处的切线方程.

2. 求下列函数的导数：

(1) $y=2x\tan x$；　　(2) $y=(x-2)^3(3x+1)^2$；

(3) $y=2^x\ln x$；　　(4) $y=\dfrac{x^2}{(2x+1)^3}$.

3. 一个距地心距离为 r，质量为 m 的人造卫星，与地球之间的万有引力 F 由公式 $F=\dfrac{GMm}{r^2}$ 给出，其中 M 为地球质量，G 为常量. 求 F 对于 r 的瞬时变化率.

4. 一杯 80 ℃的热红茶置于 20 ℃的房间里，它的温度会逐渐下降，温度 T（单位：℃）与时间 t（单位：min）之间的关系由函数 $T=f(t)$ 给出. 请问：

(1) $f'(t)$ 的符号是什么？为什么？

(2) $f'(3)=-4$ 的实际意义是什么？如果 $f(3)=65$（℃），你能画出函数在点 $t=3$ 时图象的大致形状吗？

（第 4 题）

5. 求函数 $f(x)=\sqrt[3]{x^2}$ 的单调区间.

6. 已知函数 $f(x)=x^2+px+q$，试确定 p，q 的值，使得当 $x=1$ 时，$f(x)$ 有最小值 4.

7. 已知函数 $f(x)=x(x-c)^2$ 在 $x=2$ 处有极大值，求 c 的值.

8. 如图，过点 $P(1,1)$ 作直线 AB，分别与 x 轴的正半轴、y 轴的正半轴交于点 A，B. 当直线 AB 在什么位置时，$\triangle AOB$ 的面积最小？最小面积是多少？

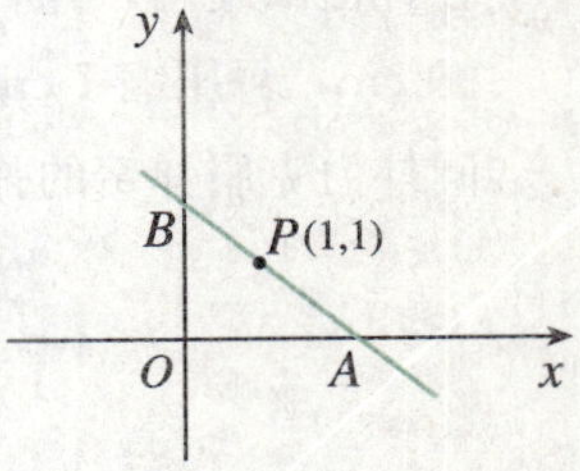

（第 8 题）

9. 如图，直线 l 和圆 c，当 l 从 l_0 开始在平面上绕点 O 按逆时针方向匀速转动（转动角度不超过 90°）时，它扫过的圆内阴影部分的面积 S 是时间 t 的函数，这个函数的图象大致是（　　）.

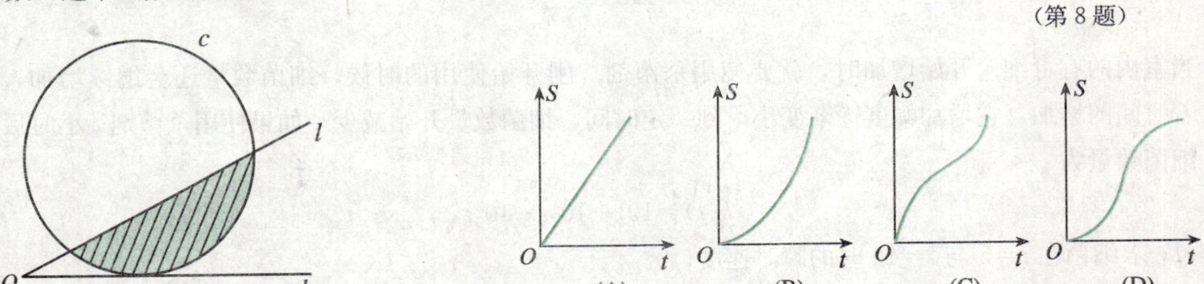

（第 9 题）

10. 用总长 14.8 m 的钢条制作一个长方体容器的框架，如果所制容器底面一边的长比另一边的长多 0.5 m，那么高为多少时容器的容积最大？最大容积是多少？

11. 团体旅行

某旅行社在暑假期间推出如下旅游团组团办法：达到 100 人的团体，每人收费 1 000 元．如果团体的人数超过 100 人，那么每超过 1 人，每人平均收费降低 5 元，但团体人数不能超过 180 人．如何组团，可使旅行社的收费最多？

12. 打印纸型号设计原理

如图，某种打印纸的面积为 623.7 cm^2，要求上、下页边距分别为 2.54 cm，左、右页边距分别为 3.17 cm．如果要求纵向打印，长与宽分别为多少时可使其打印面积最大（精确到 0.01 cm）？（可使用计算器）

请搜集一下各种型号打印纸的数据资料，并说明其中所蕴含的设计原理．

（第 12 题）

13. 已知某养猪场每年的固定成本是 20 000 元，每年最大规模的养殖量是 400 头．每养 1 头猪，成本增加 100 元．如果收入函数是 $R(q)=-\frac{1}{2}q^2+400q$（$q$ 是猪的数量），问每年养多少头猪可使总利润最大？总利润是多少？（可使用计算器）

14. 计算下列定积分：

(1) $\int_1^3 \frac{1}{\sqrt{x}}\,dx$；　(2) $\int_0^2 e^{\frac{x}{2}}\,dx$；

(3) $\int_2^{e+1} \frac{1}{x-1}\,dx$；　(4) $\int_0^{\frac{\pi}{2}} \frac{\cos 2x}{\cos x-\sin x}\,dx$；

(5) $\int_0^{\frac{\pi}{2}} \sin^2 \frac{x}{2}\,dx$.

15. 用定积分的几何意义说明下列等式：

(1) $\int_{-\frac{\pi}{2}}^{\frac{\pi}{2}} \cos\theta\,d\theta = 2\int_0^{\frac{\pi}{2}} \cos\theta\,d\theta$；(2) $\int_{-\pi}^{\pi} \sin x\,dx = 0$.

16. 求曲线 $y=\sin x$，$y=\cos x$ 与直线 $x=0$，$x=\frac{\pi}{2}$ 所围成平面图形的面积(图中的阴影部分)．

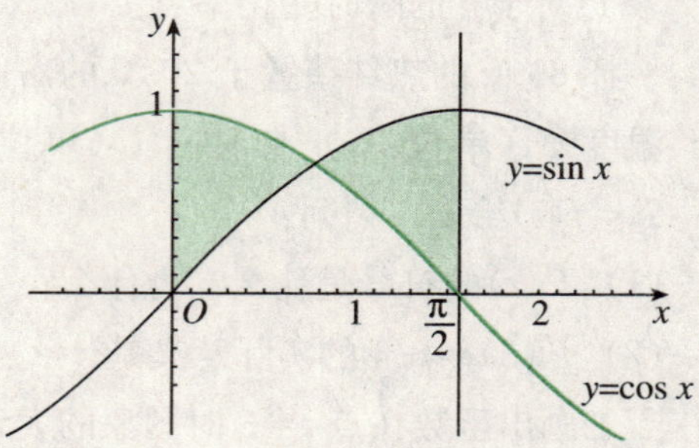

（第 16 题）

17. 在弹性限度内，弹簧所受的压缩力 F 与缩短的距离 l 按胡克定律 $F=kl$ 计算．今有一弹簧原长 90 cm，每压缩 1 cm 需 0.049 N 的压缩力，若把这根弹簧从 80 cm 压缩至 60 cm（在弹性限度内），问外力克服弹簧的弹力做了多少功？

B 组

1. 当室内的有毒细菌开始增加时，就要使用杀菌剂．刚开始使用的时候，细菌数量还会继续增加，随着时间的增加，它增加幅度逐渐变小，到一定时间，细菌数量开始减少．如果使用杀菌剂 t 小时后的细菌数量为

$$b(t)=10^5+10^4t-10^3t^2.$$

(1) 求细菌在 $t=5$ 与 $t=10$ 时的瞬时速度；

(2) 细菌在哪段时间增加，在哪段时间减少？为什么？

2. 已知一个扇形的周长为 l，当扇形的半径和中心角分别为多大时，扇形的面积最大？

3. 用半径为 R 的圆形铁皮剪出一个圆心角为 α 的扇形，制成一个圆锥形容器，扇形的圆心角 α 多大时，容器的容积最大？

4. 一艘船的燃料费与船速度的平方成正比，如果此船速度是 10 km/h，那么每小时的燃料费是 80 元. 已知船航行时其他费用为 480 元/时，在 20 km 航程中，航速多少时船行驶总费用最少（精确到 1 km/h）？此时每小时费用等于多少（精确到 1 元）？（可使用计算器）

5. 已知 A，B 两地的距离是 130 km. 按交通法规规定，A，B 两地之间的公路车速应限制在 50～100 km/h. 假设汽油的价格是 3 元/升，以 x km/h 速度行驶时，汽车的耗油率为 $\left(3+\frac{x^2}{360}\right)$ L/h，司机每小时的工资是 14 元. 那么最经济的车速是多少？如果不考虑其他费用，这次行车的总费用是多少？

6. 设 $f(x)=e^{|x|}$，求 $\int_{-2}^{4} f(x)\mathrm{d}x$.

7. 如图，直线 $y=kx$ 分抛物线 $y=x-x^2$ 与 x 轴所围图形为面积相等的两部分，求 k 的值.

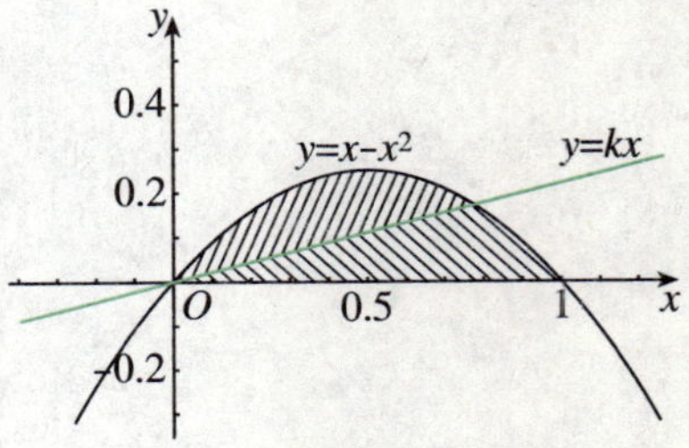

（第 7 题）

2
1
3
$P\Rightarrow Q_1$ → $Q_1\Rightarrow$
2
C
D
E
A
M
M
M_2
M_1
O
N_1
N_2
O
P_1
Q_1
R_1
P_2
Q_2
R_2
Q
R
土星绕太阳运行的轨迹为什么是椭圆？金字塔大约是什么年代建造的？为什么三角形的内角和等于180°？……科学研究需要“推理与证明”.

第二章 推理与证明

2.1 合情推理与演绎推理

2.2 直接证明与间接证明

2.3 数学归纳法

在日常活动中，人们常常需要进行这样那样的推理．例如，医生诊断病人的病症，警察侦破案件，气象专家预测天气的可能状态，考古学家推断遗址的年代，数学家论证命题的真伪等等，其中都包含了推理活动．在数学中，证明的过程更离不开推理．

本章我们将学习两种基本的推理——合情推理和演绎推理．合情推理具有猜测和发现新结论、探索和提供解决问题的思路和方向的作用；演绎推理则具有证明结论，整理和建构知识体系的作用，是公理体系中的基本推理方法．因此它们联系紧密、相辅相成，成为获得数学结论的基本手段．同时，我们还将学习证明的两类基本方法——直接证明的方法(如分析法、综合法、数学归纳法)和间接证明的方法(如反证法)，从中体会证明的功能和特点，了解数学证明的基本方法，感受逻辑证明在数学以及日常生活中的作用，养成言之有理、论证有据的习惯．

CHAPTER 2

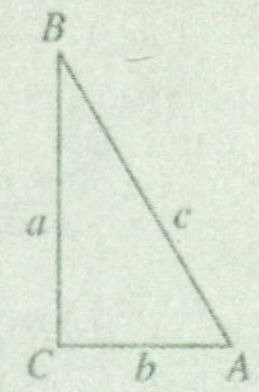

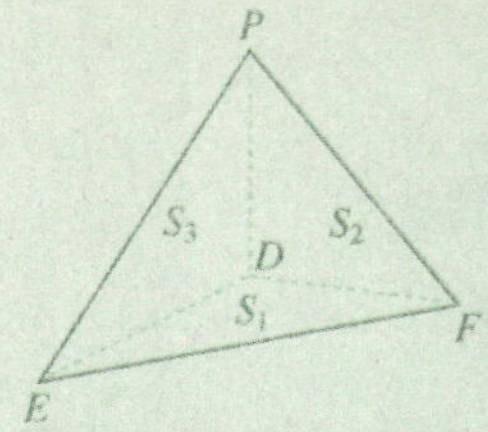

2.1 合情推理与演绎推理

推理是人们思维活动的过程，是根据一个或几个已知的判断来确定一个新的判断的思维过程. 本节将介绍人们在日常活动和科学研究中经常使用的两种推理——合情推理和演绎推理.

2.1.1 合情推理

数学中有各种各样的猜想，如著名的哥德巴赫（Goldbach）猜想、费马（Fermat）猜想、地图的“四色猜想”、歌尼斯堡七桥猜想等等. 某些猜想的证明吸引了大批的数学家和数学爱好者，有的人甚至为之耗费了毕生心血. 你知道这些数学猜想是怎样提出来的吗？下面看一下哥德巴赫提出猜想的过程.

据说哥德巴赫无意中观察到：

$$3+7=10，3+17=20，13+17=30.$$

他有意把上面的式子改写成：

$$10=3+7，20=3+17，30=13+17.$$

其中反映出这样一个规律：

偶数＝奇质数＋奇质数.

于是，歌德巴赫产生了一个想法：10，20，30 都是偶数，那么其他偶数是否也有类似的规律呢？

显然，第一个等于两个奇质数之和的偶数是 6，即

$$6=3+3.$$

再看看超过 6 的偶数：

$$8=3+5,$$
$$10=5+5,$$
$$12=5+7,$$
$$14=7+7,$$
$$16=5+11,$$
$$\cdots\cdots$$

$1\,000=29+971$，

$1\,002=139+863$，

……

继续上述过程，你能提出一个猜想吗？

根据上述过程，哥德巴赫大胆地猜想：任何一个不小于6的偶数都等于两个奇质数之和．这是正确的吗？多少年来，许多优秀的数学家都在努力证明这个猜想，而且已经取得了很好的进展．

现在，我们来考察一下哥德巴赫提出猜想的推理过程：通过对一些偶数的验证，他发现它们总可以表示成两个奇质数之和，而且没有出现反例．于是，提出猜想——“任何一个不小于6的偶数都等于两个奇质数之和”．

这种由某类事物的部分对象具有某些特征，推出该类事物的全部对象都具有这些特征的推理，或者由个别事实概括出一般结论的推理，称为**归纳推理**（简称归纳）．简言之，归纳推理是由部分到整体、由个别到一般的推理．

例如，由铜、铁、铝、金、银等金属能导电，归纳出“一切金属都能导电”，这就使用了归纳推理．在统计学中，我们总是从所研究的对象全体中抽取一部分进行观测或试验以取得信息，从而对整体作出推断，这也是归纳推理．

应用归纳推理可以发现新事实，获得新结论．下面是一个数学中的例子．

例1　已知数列 $\{a_n\}$ 的第1项 $a_1=1$，且 $a_{n+1}=\dfrac{a_n}{1+a_n}$（$n=1,2,3,\cdots$），试归纳出这个数列的通项公式．

分析：数列的通项公式表示的是数列 $\{a_n\}$ 的第 n 项 a_n 与序号 n 之间的对应关系．为此，我们先根据已知的递推公式，算出数列的前几项．

解：当 $n=1$ 时，$a_1=1$；

当 $n=2$ 时，$a_2=\dfrac{1}{1+1}=\dfrac{1}{2}$；

当 $n=3$ 时，$a_3=\dfrac{\frac{1}{2}}{1+\frac{1}{2}}=\dfrac{1}{3}$；

当 $n=4$ 时，$a_4=\dfrac{\frac{1}{3}}{1+\frac{1}{3}}=\dfrac{1}{4}$．

观察可得，数列的前4项都等于相应序号的倒数．由此猜想，这个数列的通项公式为

$$a_n=\frac{1}{n}.$$

在例1中，我们通过归纳得到了关于数列通项公式的一个猜想．虽然猜想是否正确还有待严格的证明，但这个猜想可以为我们的研究提供一种方向．

除了归纳，在人们的创造发明活动中，还常常应用类比．例如，据说我国古代工匠鲁班类比带齿的草叶和蝗虫的齿牙，发明了锯；人们仿照鱼类的外形和它们在水中的沉浮原

理，发明了潜水艇；等等．事实上，仿生学中许多发明的最初构想都是类比生物机制得到的．

又如，为了回答“火星上是否有生命”这个问题，科学家们把火星与地球作类比，发现火星具有一些与地球类似的特征，如火星也是围绕太阳运行、绕轴自转的行星，也有大气层，在一年中也有季节的变更，而且火星上大部分时间的温度适合地球上某些已知生物的生存，等等．由此，科学家猜想：火星上也可能有生命存在．

思考？ 科学家做出上述猜想的推理过程是怎样的？

在提出上述猜想的过程中，科学家对比了火星与地球之间的某些相似特征，然后从地球的一个已知特征（有生命存在）出发，猜测火星也可能具有这个特征．

数学研究中也常常进行这样的推理．例如，在研究球体时，我们会自然地联想到圆．对于圆，我们已经有了比较充分的研究，定义了圆的一些概念，发现了圆的一些性质（表 2-1）．由于球与圆在形状上和概念上都有类似的地方，即都具有完美的对称性，都是到定点的距离等于定长的点的集合，因此我们推测对于圆的特征，球也可能具有．

例如，圆有切线，切线与圆只交于一点，切点到圆心的距离等于圆的半径；对于球，我们推测可能存在这样的平面，与球只交于一点，该点到球心的距离等于球的半径[1]；平面内不共线的 3 个点确定一个圆，由此猜想空间中不共面的 4 个点确定一个球；等等．

探究 类比圆的特征，填写表 2-1 中球的相关特征，并说说推理的过程．

[1] 已经知道这样的平面是存在的，即球的切平面．

表 2-1

圆的概念和性质	球的类似概念和性质
圆的周长	
圆的面积	
圆心与弦（非直径）中点的连线垂直于弦.	
与圆心距离相等的两弦相等；与圆心距离不等的两弦不等，距圆心较近的弦较长.	
以点(x_0,y_0)为圆心，r为半径的圆的方程为$(x-x_0)^2+(y-y_0)^2=r^2$.	

这种由两类对象具有某些类似特征和其中一类对象的某些已知特征，推出另一类对象也具有这些特征的推理称为**类比推理**（简称类比）❶. 简言之，类比推理是由特殊到特殊的推理.

❶ 开普勒（Kepler，1571—1630）说："我珍视类比胜过任何别的东西，它是我最可信赖的老师，它能揭示自然界的秘密."

在数学中，我们可以由已经解决的问题和已经获得的知识出发，通过类比而提出新问题和作出新发现. 例如，数学家波利亚（Polya）曾指出："类比是一个伟大的引路人，求解立体几何问题往往有赖于平面几何中的类比问题." 数学中还有向量与数的类比，无限与有限的类比，不等与相等的类比，等等.

例 2　类比实数的加法和乘法，列出它们相似的运算性质.

分析： 实数的加法和乘法都是由两个数参与的运算，都满足一定的运算律，都存在逆运算，而且"0"和"1"分别在加法和乘法中占有特殊的地位. 因此我们可以从上述 4 个方面来类比这两种运算.

解：（1）两个实数经过加法运算或乘法运算后，所得的结果仍然是一个实数.

（2）从运算律的角度考虑，加法和乘法都满足交换律和结合律，即

$a+b=b+a$	$ab=ba$
$(a+b)+c=a+(b+c)$	$(ab)c=a(bc)$

（3）从逆运算的角度考虑，二者都有逆运算，加法的逆运算是减法，乘法的逆运算是除法，这就使得方程

$a+x=0$	$ax=1\ (a\neq 0)$

都有唯一解

$x=-a$	$x=\dfrac{1}{a}$

数学中还有许多集合具有这 4 条运算性质. 法国天才的数学家伽罗瓦（Galois）提出了"群"的概念，用来表示具有这种运算性质的集合.

(4) 在加法中，任意实数与 0 相加都不改变大小；乘法中的 1 与加法中的 0 类似，即任意实数与 1 的积都等于原来的数. 即

$a+0=a$	$a\cdot 1=a$

运用类比推理常常先要寻找合适的类比对象. 例如，在立体几何中，为了研究四面体的性质，我们可以在平面几何中寻找一个研究过的对象，通过类比这个对象的性质，获得四面体性质的猜想以及证明这些猜想的思路.

探究

你认为平面几何中的哪一类图形可以作为四面体的类比对象？

我们可以从不同角度出发确定类比对象，如围成四面体的几何元素的数目、位置关系、度量等. 基本原则是要根据当前问题的需要，选择适当的类比对象. 例如，从构成几何体的元素数目看，四面体由 4 个平面围成，它是空间中由数目最少的基本元素（平面）围成的封闭几何体；在平面内，两条直线不能围成一个封闭的图形，而 3 条直线可以围成一个三角形，即三角形是平面内由数目最少的基本元素（直线）围成的封闭图形. 从这个角度看，我们可以把三角形作为四面体的类比对象.

下面，我们就来看一个通过类比平面几何中的结论，得到立体图形性质的猜想的例子.

例 3 类比平面内直角三角形的勾股定理，试给出空间中四面体性质的猜想.

分析： 考虑到直角三角形的两条边互相垂直，所以我们可以选取有 3 个面两两垂直的四面体，作为直角三角形的类比对象.

如图 2.1-1 所示，与 Rt△ABC 相对应的，是四面体 P-DEF；与 Rt△ABC 的两条边交成 1 个直角相对应的，是四面体 P-DEF 的 3 个面在一个顶点处构成 3 个直二面角；与

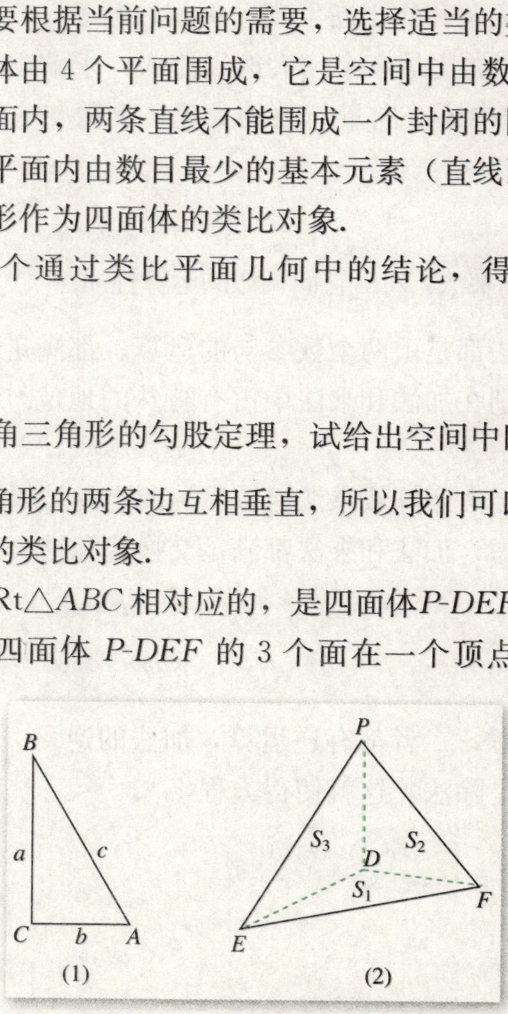

图 2.1-1

Rt△*ABC*的直角边边长 a，b 相对应的，是四面体 $P\text{-}DEF$ 的面△*DEF*，△*FPD* 和△*DPE* 的面积 S_1，S_2 和 S_3；与 Rt△*ABC* 的斜边边长 c 相对应的，是四面体 $P\text{-}DEF$ 的面△*PEF* 的面积 S.

由此，我们可以类比 Rt△*ABC* 中的勾股定理，猜想出四面体 $P\text{-}DEF$ 四个面的面积之间的关系.

解： 如图 2.1-1 所示，我们知道，在 Rt△*ABC* 中，由勾股定理，得

$$c^2=a^2+b^2.$$

于是，类比直角三角形的勾股定理，在四面体 $P\text{-}DEF$ 中，我们猜想

$$S^2=S_1^2+S_2^2+S_3^2$$ ❶

成立.

这个结论是正确的吗？请同学们自己证明.

我们把前面所进行的推理过程概括为：

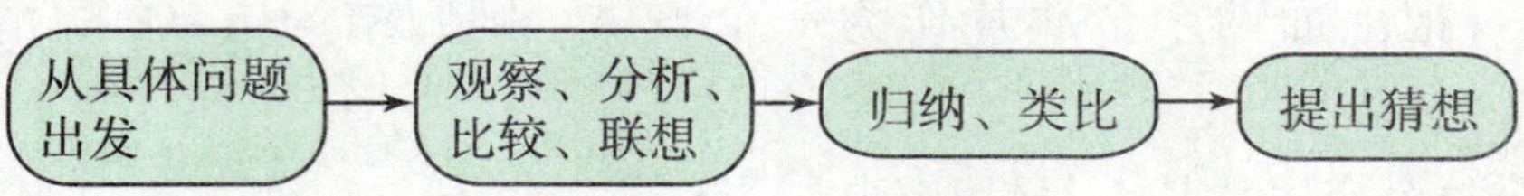

可见，归纳推理和类比推理都是根据已有的事实，经过观察、分析、比较、联想，再进行归纳、类比，然后提出猜想的推理，我们把它们统称为**合情推理**（plausible reasoning）❷.

❷ 法国数学家拉普拉斯（Laplace，1749－1827）曾经说过："即使在数学里，发现真理的主要工具也是归纳和类比."

通俗地说，合情推理是指"合乎情理"的推理. 数学研究中，得到一个新结论之前，合情推理常常能帮助我们猜测和发现结论；证明一个数学结论之前，合情推理常常能为我们提供证明的思路和方向.

下面再来看一个例子.

例 4　如图 2.1-2 所示，有三根针和套在一根针上的若干金属片. 按下列规则，把金属片从一根针上全部移到另一根针上.

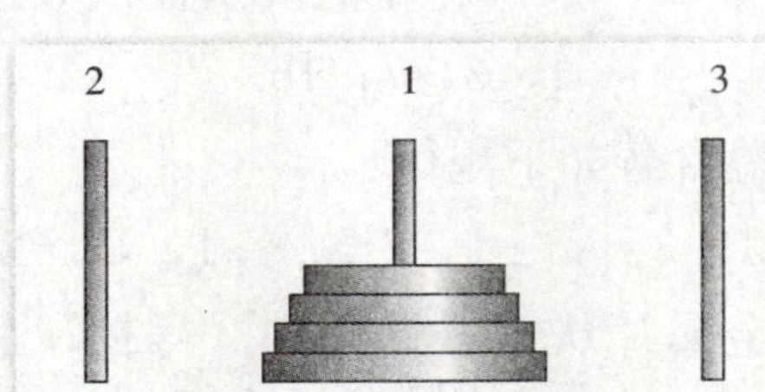

图 2.1-2

1. 每次只能移动 1 个金属片；
2. 较大的金属片不能放在较小的金属片上面.

试推测：把 n 个金属片从 1 号针移到 3 号针，最少需要移动多少次？

分析：我们从移动 1，2，3，4 个金属片的情形入手，探究其中的规律性，进而归纳出移动 n 个金属片所需的次数.

解：当 $n=1$ 时，只需把金属片从 1 号针移到 3 号针，用符号（13）[1] 表示，共移动了 1 次.

当 $n=2$ 时，为了避免将较大的金属片放在较小的金属片上面，我们利用 2 号针作为"中间针"，移动的顺序是：

（1）把第 1 个金属片从 1 号针移到 2 号针；

（2）把第 2 个金属片从 1 号针移到 3 号针；

（3）把第 1 个金属片从 2 号针移到 3 号针.

用符号表示为：

（12）（13）（23）.

共移动了 3 次.

当 $n=3$ 时，把上面两个金属片作为一个整体，则归结为 $n=2$ 的情形，移动的顺序是：

（1）把上面两个金属片从 1 号针移到 2 号针；

（2）把第 3 个金属片从 1 号针移到 3 号针；

（3）把上面两个金属片从 2 号针移到 3 号针.

其中（1）和（3）都需要借助中间针. 用符号表示为：

（13）（12）（32）；（13）；（21）（23）（13）.

共移动了 7 次.

当 $n=4$ 时，把上面 3 个金属片作为一个整体，移动的顺序是：

（1）把上面 3 个金属片从 1 号针移到 2 号针；

（2）把第 4 个金属片从 1 号针移到 3 号针；

（3）把上面 3 个金属片从 2 号针移到 3 号针.

用符号表示为：

（12）（13）（23）（12）（31）（32）（12）；（13）；

（23）（21）（31）（23）（12）（13）（23）.

共移动了 15 次.

至此，我们得到依次移动 1，2，3，4 个金属片所需次数构成的数列：

1，3，7，15.

观察这个数列，可以发现其中蕴含着如下规律：

$$1=2^1-1,\ 3=2^2-1,\ 7=2^3-1,\ 15=2^4-1.$$

由此我们猜想：若把 n 个金属片从 1 号针移到 3 号针，最少需要移动 a_n 次，则数列 $\{a_n\}$ 的通项公式为

$$a_n=2^n-1\ (n\in\mathbf{N}^*).\qquad ①$$

---

[1] （13）表示把金属片从 1 号针移到 3 号针. 依此类推.

探究

把 n 个金属片从 1 号针移到 3 号针，怎样移动才能达到最少的移动次数呢？

通过探究上述 $n=1, 2, 3, 4$ 时的移动方法，我们可以归纳出对 n 个金属片都适用的移动方法．当移动 n 个金属片时，可分为下列 3 个步骤：

(1) 将上面 $(n-1)$ 个金属片从 1 号针移到 2 号针；

(2) 将第 n 个金属片从 1 号针移到 3 号针；

(3) 将上面 $(n-1)$ 个金属片从 2 号针移到 3 号针．

这样就把移动 n 个金属片的任务，转化为移动两次 $(n-1)$ 个金属片和移动一次第 n 个金属片的任务．而移动 $(n-1)$ 个金属片需要移动两次 $(n-2)$ 个金属片和移动一次第 $(n-1)$ 个金属片，移动 $(n-2)$ 个金属片需要移动两次 $(n-3)$ 个金属片和移动一次第 $(n-2)$ 个金属片……如此继续，直到转化为移动 1 个金属片的情形．根据这个过程，可得递推公式

$$\begin{cases} a_1=1, \\ a_n=2a_{n-1}+1 \ (n\in \mathbf{N}^*，且 n>1). \end{cases}$$

从这个递推公式出发，可以证明通项公式①是正确的．

一般来说，由合情推理所获得的结论，仅仅是一种猜想，未必可靠❶．

例如，法国数学家费马观察到

$$2^{2^1}+1=5,$$
$$2^{2^2}+1=17,$$
$$2^{2^3}+1=257,$$
$$2^{2^4}+1=65\ 537$$

都是质数，于是他用归纳推理提出猜想：任何形如 $2^{2^n}+1$❷ $(n\in \mathbf{N}^*)$ 的数都是质数．这就是著名的费马猜想．半个世纪之后，善于计算的欧拉（Euler）发现，第 5 个费马数

$$F_5=2^{2^5}+1=4\ 294\ 967\ 297=641\times 6\ 700\ 417$$

不是质数，从而推翻了费马的猜想．

❶“合情推理是冒险的、有争议的和暂时的．”——波利亚

❷ 通常称为费马数，记作 F_n．

练　习

1. 在数列 $\{a_n\}$ 中，$a_1=1$，$a_n=\frac{1}{2}\left(a_{n-1}+\frac{1}{a_{n-1}}\right)$ $(n\geqslant 2)$，试猜想这个数列的通项公式．

2. 观察下面的“三角阵”：

1

1 1

1 2 1

1 3 3 1

1 4 6 4 1

……

1 10 45 …… 45 10 1

试找出相邻两行数之间的关系.

3. 如图，若射线 OM，ON 上分别存在点 M_1，M_2 与点 N_1，N_2，则三角形面积之比 $\frac{S_{\triangle OM_1N_1}}{S_{\triangle OM_2N_2}}=\frac{OM_1}{OM_2}\cdot\frac{ON_1}{ON_2}$. 若不在同一平面内的射线 OP，OQ 和 OR 上分别存在点 P_1，P_2，点 Q_1，Q_2 和点 R_1，R_2，则类似的结论是什么？

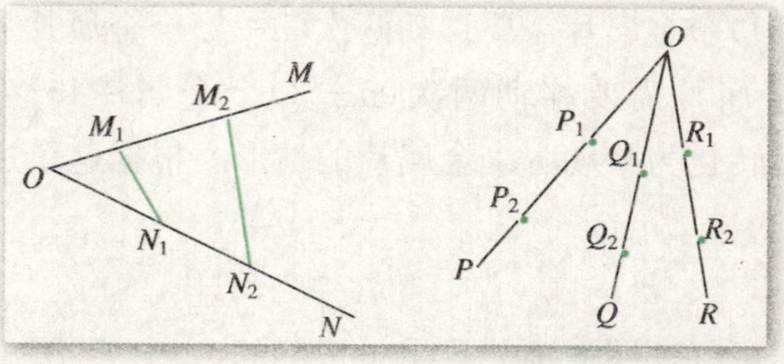

（第 3 题）

2.1.2 演绎推理

在日常生活和数学学习中，我们还经常以某些一般的判断为前提，得出一些个别的、具体的判断. 例如：

（1）所有的金属都能够导电，铀是金属，所以铀能够导电；

（2）太阳系的行星都以椭圆形轨道绕太阳运行，天王星是太阳系的行星，因此天王星以椭圆形轨道绕太阳运行；

（3）一切奇数都不能被 2 整除，$(2^{100}+1)$是奇数，所以$(2^{100}+1)$不能被 2 整除；

（4）三角函数都是周期函数，$\tan\alpha$ 是三角函数，因此 $\tan\alpha$ 是周期函数；

（5）两条直线平行，同旁内角互补. 如果$\angle A$ 与$\angle B$ 是两条平行直线的同旁内角，那么$\angle A+\angle B=180°$.

上面的推理都是从一般性的原理出发，推出某个特殊情况下的结论，我们把这种推理称为**演绎推理**[1]（demonstrative reasoning）. 简言之，演绎推理是由一般到特殊的推理.

[1] 演绎推理又称为逻辑推理.

上面列举的演绎推理的例子都有三段，称为“三段论”．其中第一段称为“大前提”，如“所有的金属都能够导电”，讲的是一个一般的原理；第二段称为“小前提”，如“铀是金属”，指的是一种特殊情况；第三段称为“结论”，如“铀能够导电”，是所得的结论．

“三段论”是演绎推理的一般模式，包括：

(1) 大前提——已知的一般原理；

(2) 小前提——所研究的特殊情况；

(3) 结论——根据一般原理，对特殊情况做出的判断．

思考 你能再举出一些用“三段论”推理的例子吗？

数学的证明主要是通过演绎推理来进行的．我们来看一个例子．

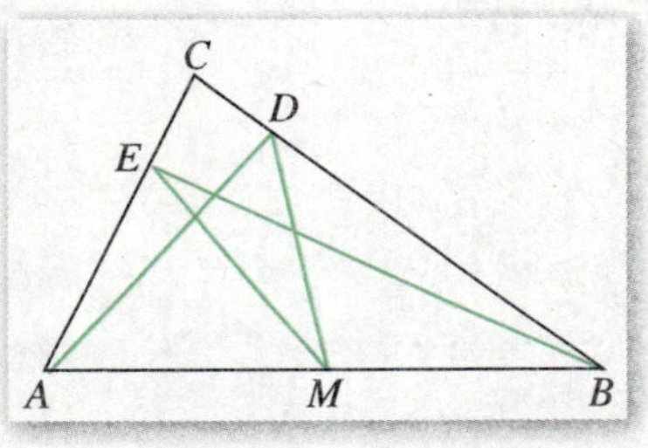

图 2.1-3

例 5 如图 2.1-3 所示，在锐角三角形 ABC 中，$AD \perp BC$，$BE \perp AC$，D，E 是垂足．求证：AB 的中点 M 到点 D，E 的距离相等．

证明：(1) 因为有一个内角是直角的三角形是直角三角形，……………………………… 大前提

在 $\triangle ABD$ 中，$AD \perp BC$，即 $\angle ADB = 90°$，………… 小前提

所以 $\triangle ABD$ 是直角三角形．……………………………………………… 结论

同理，$\triangle AEB$ 也是直角三角形．

(2) 因为直角三角形斜边上的中线等于斜边的一半，…………………… 大前提

而 M 是 $\mathrm{Rt}\triangle ABD$ 斜边 AB 的中点，DM 是斜边上的中线，……………… 小前提

所以 $DM = \frac{1}{2}AB$．……………………………………………………… 结论

同理，$EM = \frac{1}{2}AB$．

所以 $DM = EM$．

“三段论”可以表示为

大前提：M 是 P．
小前提：S 是 M．
结　论：S 是 P．

我们还可以利用集合知识说明“三段论”：若集合 M 的所有元素都具有性质 P，S 是 M 的一个子集，那么 S 中所有元素也都具有性质 P．

由此可见，应用三段论解决问题时，首先应该明确什么是大前提和小前提．但为了叙述简洁，如果大前提是显然的，则可以省略．

再来看一个例子．

例 6 证明函数 $f(x)=-x^2+2x$ 在 $(-\infty,\ 1)$ 内是增函数．

分析：证明本例所依据的大前提是：在某个区间 $(a,\ b)$ 内，如果 $f'(x)>0$，那么函数 $y=f(x)$ 在这个区间内单调递增．

小前提是 $f(x)=-x^2+2x$ 的导数在区间 $(-\infty,\ 1)$ 内满足 $f'(x)>0$，这是证明本例的关键．

还有其他的证明方法吗？

证明：$f'(x)=-2x+2$．

当 $x\in(-\infty,\ 1)$ 时，有 $1-x>0$，所以

$$f'(x)=-2x+2=2(1-x)>0.$$

于是，根据"三段论"得，$f(x)=-x^2+2x$ 在 $(-\infty,\ 1)$ 内是增函数．

在演绎推理中，只要前提和推理形式是正确的，结论必定是正确的．

思考

因为指数函数 $y=a^x$ 是增函数，…………………………………… 大前提

而 $y=\left(\frac{1}{2}\right)^x$ 是指数函数，…………………………………… 小前提

所以 $y=\left(\frac{1}{2}\right)^x$ 是增函数．………………………………………… 结论

（1）上面的推理形式正确吗？

（2）推理的结论正确吗？为什么？

上述推理的形式正确，但大前提是错误的（因为当 $0<a<1$ 时，指数函数 $y=a^x$ 是减函数），所以所得的结论是错误的．

"三段论"是由古希腊的亚里士多德创立的．亚里士多德还提出了用演绎推理来建立各门学科体系的思想．例如，欧几里得的《原本》[1]就是一个典型的演绎系统，它从 10 条公理和公设出发，利用演绎推理，推出所有其他命题．

像这种尽可能少地选取原始概念和一组不加证明的原始命题（公理、公设），以此为出发点，应用演绎推理，推出尽可能多的结论的方法，称为公理化方法．

继《原本》之后，公理化方法广泛应用于自然科学、社会科学领域．例如，牛顿在他的巨著《自然哲学的数学原理》中，以牛顿三定律为公理，运用演绎推理推出关于天体空

[1] 参见《数学 2》第二章的阅读与思考栏目"欧几里得的《原本》与公理化方法"．

间的一系列科学理论，建立了牛顿力学的一整套完整的理论体系.

至此，我们学习了两种推理方式——合情推理与演绎推理.

思考? 合情推理与演绎推理的主要区别是什么？

归纳和类比是常用的合情推理. 从推理形式上看，归纳是由部分到整体、个别到一般的推理，类比是由特殊到特殊的推理；而演绎推理是由一般到特殊的推理. 从推理所得的结论来看，合情推理的结论不一定正确，有待进一步证明；演绎推理在大前提、小前提和推理形式都正确的前提下，得到的结论一定正确.

人们在认识世界的过程中，需要通过观察、实验等获取经验；也需要辨别它们的真伪，或将积累的知识加工、整理，使之条理化、系统化. 合情推理和演绎推理分别在这两个环节中扮演着重要角色.

就数学而言，演绎推理是证明数学结论、建立数学体系的重要思维过程，但数学结论、证明思路等的发现，主要靠合情推理. 因此，我们不仅要学会证明，也要学会猜想.

练　习

1. 将本节开始的演绎推理(2)～(5)写成三段论的形式.
2. 证明：通项公式为 $a_n=cq^n$ $(cq\neq 0)$ 的数列 $\{a_n\}$ 是等比数列. 并分析证明过程中的三段论.
3. 如图，在 $\triangle ABC$ 中，$AC>BC$，CD 是 AB 边上的高，
   求证 $\angle ACD>\angle BCD$.
   证明：在 $\triangle ABC$ 中，因为 $CD\perp AB$，$AC>BC$，
   所以 $AD>BD$.
   于是 $\angle ACD>\angle BCD$.
   指出上面证明过程中的错误.

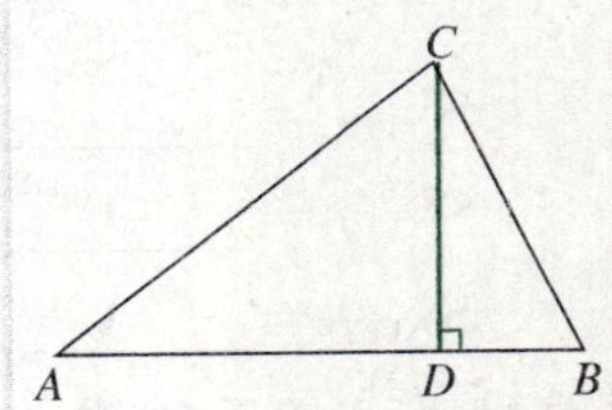

（第 3 题）

平面与空间中的余弦定理

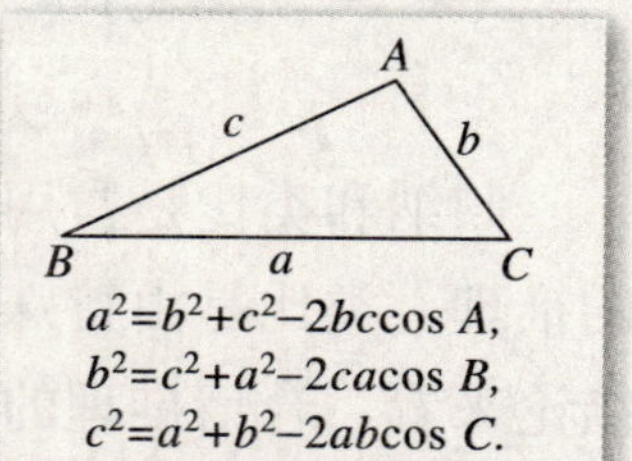

图 1

在平面内，余弦定理给出了三角形的三条边与其中的一个角之间的关系（图 1）．应用余弦定理，可以从已知的两边和夹角出发，计算三角形的第三边，或者可以由三边确定三角形的三个内角．

我们把四面体与三角形作类比，并使四面体的面对应三角形的边，四面体各面的面积对应三角形各边的边长．而三角形两边的夹角，对应四面体两个面所成的二面角，看看能获得怎样的结论．

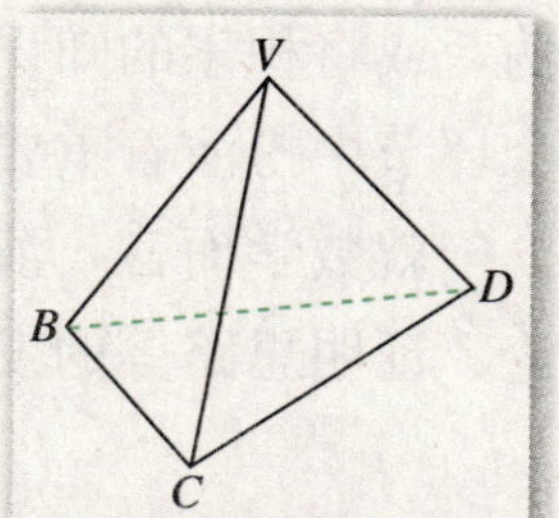

图 2

由图 1 和图 2，我们可以得到下列类比关系（设二面角 V-BC-D，V-CD-B，V-BD-C，C-VB-D，B-VC-D，B-VD-C 的大小依次为 α_1，α_2，α_3，β_1，β_2，β_3）：

三角形$\triangle ABC$	四面体 V-BCD
a，b，c	$S_{\triangle VBC}$，$S_{\triangle VCD}$，$S_{\triangle VBD}$，$S_{\triangle BCD}$
A，B，C	α_1，α_2，α_3，β_1，β_2，β_3

类比余弦定理，可以得到下列猜想：

$$S^2_{\triangle BCD}=S^2_{\triangle VBC}+S^2_{\triangle VCD}+S^2_{\triangle VBD}-2S_{\triangle VBC}S_{\triangle VCD}\cos\beta_2-2S_{\triangle VCD}S_{\triangle VBD}\cos\beta_3-2S_{\triangle VBD}S_{\triangle VBC}\cos\beta_1,$$

$S^2_{\triangle VBC}=$________________________________，

$S^2_{\triangle VBD}=$________________________________，

$S^2_{\triangle VCD}=$________________________________．

这就是“四面体的余弦定理”．

怎样证明这个猜想呢？我们仍然可以类比余弦定理的证明，得到证明“四面体的余弦定理”的方法．

以证明 $a^2=b^2+c^2-2bc\cos A$ 为例．

由图 1，得

$$\begin{cases}a=b\cos C+c\cos B, & ①\\ b=c\cos A+a\cos C, & ②\\ c=a\cos B+b\cos A. & ③\end{cases}$$

> 你能证明①②③成立吗？

由①$\times a$，得

$$a^2=ab\cos C+ac\cos B. \quad ④$$

把②③代入④，得

$$a^2=b(b-c\cos A)+c(c-b\cos A)$$
$$=b^2+c^2-2bc\cos A.$$

类比上述推导过程，我们来证明

$$S^2_{\triangle BCD}=S^2_{\triangle VBC}+S^2_{\triangle VCD}+S^2_{\triangle VBD}-2S_{\triangle VBC}S_{\triangle VCD}\cos\beta_2-2S_{\triangle VCD}S_{\triangle VBD}\cos\beta_3-2S_{\triangle VBD}S_{\triangle VBC}\cos\beta_1.$$

由图2，得

$S_{\triangle BCD}=S_{\triangle VBC}\cos\alpha_1+S_{\triangle VCD}\cos\alpha_2+S_{\triangle VBD}\cos\alpha_3$，　⑤

$S_{\triangle VBC}=S_{\triangle BCD}\cos\alpha_1+S_{\triangle VBD}\cos\beta_1+S_{\triangle VCD}\cos\beta_2$，　⑥

$S_{\triangle VCD}=S_{\triangle BCD}\cos\alpha_2+S_{\triangle VBC}\cos\beta_2+S_{\triangle VBD}\cos\beta_3$，　⑦

$S_{\triangle VBD}=S_{\triangle BCD}\cos\alpha_3+S_{\triangle VBC}\cos\beta_1+S_{\triangle VCD}\cos\beta_3$.　⑧

> 你能类比①②③得到⑤⑥⑦⑧吗？

由⑤×$S_{\triangle BCD}$，得

$$S^2_{\triangle BCD}=S_{\triangle BCD}S_{\triangle VBC}\cos\alpha_1+S_{\triangle BCD}S_{\triangle VCD}\cos\alpha_2+S_{\triangle BCD}S_{\triangle VBD}\cos\alpha_3.\qquad ⑨$$

把⑥⑦⑧代入⑨，得

$$S^2_{\triangle BCD}=S_{\triangle VBC}(S_{\triangle VBC}-S_{\triangle VBD}\cos\beta_1-S_{\triangle VCD}\cos\beta_2)+S_{\triangle VCD}(S_{\triangle VCD}-S_{\triangle VBC}\cos\beta_2-S_{\triangle VBD}\cos\beta_3)+S_{\triangle VBD}(S_{\triangle VBD}-S_{\triangle VBC}\cos\beta_1-S_{\triangle VCD}\cos\beta_3)$$
$$=S^2_{\triangle VBC}+S^2_{\triangle VCD}+S^2_{\triangle VBD}-2S_{\triangle VBC}S_{\triangle VCD}\cos\beta_2-2S_{\triangle VCD}S_{\triangle VBD}\cos\beta_3-2S_{\triangle VBD}S_{\triangle VBC}\cos\beta_1.$$

用同样的方法，我们可以证明“四面体的余弦定理”的其他关系式.

习题2.1

A组

1. 在数列$\{a_n\}$中，$a_1=1$，$a_{n+1}=\dfrac{2a_n}{2+a_n}$（$n\in\mathbf{N}^*$），试猜想这个数列的通项公式.

2. 探求凸多面体的面数F、顶点数V和棱数E之间的关系.

凸多面体	面数（F）	顶点数（V）	棱数（E）
三棱柱	5	6	9
长方体	6	8	12
五棱柱	7	10	15
三棱锥	4	4	6
四棱锥	5	5	8
五棱锥	6	6	10

3. 对于任意正整数 n，猜想 2^{n-1}与$(n+1)^2$的大小关系.

4. 在$\triangle ABC$中，不等式$\frac{1}{A}+\frac{1}{B}+\frac{1}{C}\geqslant\frac{9}{\pi}$成立；在四边形 $ABCD$ 中，不等式$\frac{1}{A}+\frac{1}{B}+\frac{1}{C}+\frac{1}{D}\geqslant\frac{16}{2\pi}$成立；在五边形 $ABCDE$ 中，不等式$\frac{1}{A}+\frac{1}{B}+\frac{1}{C}+\frac{1}{D}+\frac{1}{E}\geqslant\frac{25}{3\pi}$成立．猜想在 n 边形 $A_1A_2\cdots A_n$ 中，有怎样的不等式成立.

5. 在等差数列$\{a_n\}$中，若 $a_{10}=0$，则有

$$a_1+a_2+\cdots+a_n=a_1+a_2+\cdots+a_{19-n}\ (n<19，且\ n\in\mathbf{N}^*)$$

成立．类比上述性质，在等比数列$\{b_n\}$中，若 $b_9=1$，则存在怎样的等式？

6. 用三段论证明：在梯形 $ABCD$ 中，$AD/\!/BC$，$AB=DC$，则$\angle B=\angle C$.

B 组

1. 已知数列$\{a_n\}$的前 n 项和为 S_n，$a_1=-\frac{2}{3}$，满足 $S_n+\frac{1}{S_n}+2=a_n$ $(n\geqslant 2)$，计算 S_1，S_2，S_3，S_4，并猜想 S_n的表达式.

2. 在学习函数时，我们将它与数类比；在学习数列时，我们将它与函数类比．你在学习的过程中还经历过哪些类比活动？

3. 找一个你感兴趣的数学定义、公式或定理，探究它的来源，你也可以通过翻阅书籍、上网查找资料寻求依据.

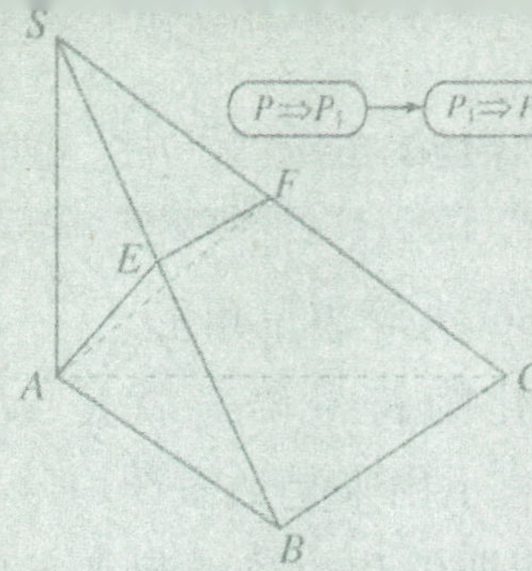

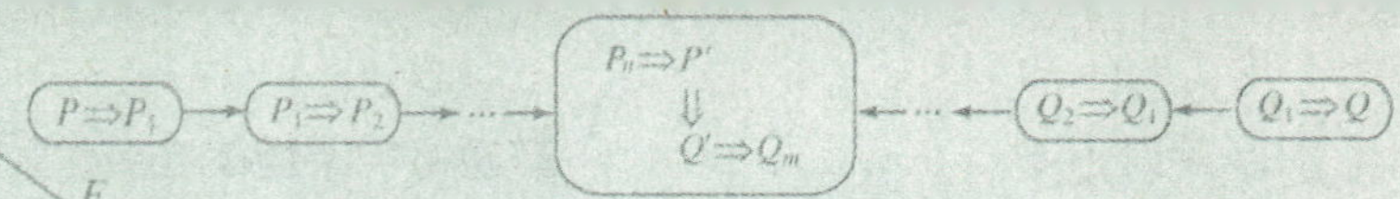

2.2 直接证明与间接证明

我们知道，合情推理所得结论的正确性是需要证明的，这正是数学区别于其他学科的显著特点. 数学结论的正确性必须通过逻辑推理的方式加以证明. 本节我们将学习两类基本的证明方法：直接证明与间接证明.

2.2.1 综合法和分析法

综合法和分析法，是直接证明中最基本的两种证明方法，也是解决数学问题时常用的思维方式.

1. 综合法

在数学证明中，我们经常从已知条件和某些数学定义、公理、定理等出发，通过推理推导出所要的结论. 例如：

已知 a，$b>0$，求证 $a(b^2+c^2)+b(c^2+a^2)\geqslant 4abc$.

证明：因为 $b^2+c^2\geqslant 2bc$，$a>0$，

所以 $a(b^2+c^2)\geqslant 2abc$.

又因为 $c^2+a^2\geqslant 2ac$，$b>0$，

所以 $b(c^2+a^2)\geqslant 2abc$.

因此 $a(b^2+c^2)+b(c^2+a^2)\geqslant 4abc$.

一般地，利用已知条件和某些数学定义、公理、定理等，经过一系列的推理论证，最后推导出所要证明的结论成立，这种证明方法叫做**综合法**[1](synthetical method).

用 P 表示已知条件、已有的定义、公理、定理等，Q 表示所要证明的结论，则综合法可用框图表示为：

$$\boxed{P\Rightarrow Q_1}\to\boxed{Q_1\Rightarrow Q_2}\to\boxed{Q_2\Rightarrow Q_3}\to\cdots\to\boxed{Q_n\Rightarrow Q}$$

例 1 在△ABC 中，三个内角 A，B，C 的对边分别为 a，b，c，且 A，B，C 成

[1] 综合法，又叫顺推证法或由因导果法.

等差数列，a，b，c 成等比数列，求证△ABC 为等边三角形.

分析：将 A，B，C 成等差数列，转化为符号语言就是 $2B=A+C$；A，B，C 为△ABC 的内角，这是一个隐含条件，明确表示出来是 $A+B+C=\pi$；a，b，c 成等比数列，转化为符号语言就是 $b^2=ac$. 此时，如果能把角和边统一起来，那么就可以进一步寻找角和边之间的关系，进而判断三角形的形状，余弦定理正好满足要求. 于是，可以用余弦定理为工具进行证明.

证明：由 A，B，C 成等差数列，有

$$2B=A+C. \quad ①$$

因为 A，B，C 为△ABC 的内角，所以

$$A+B+C=\pi. \quad ②$$

由①②，得

$$B=\frac{\pi}{3}. \quad ③$$

由 a，b，c 成等比数列，有

$$b^2=ac. \quad ④$$

由余弦定理及③，可得

$$b^2=a^2+c^2-2ac\cos B=a^2+c^2-ac.$$

再由④，得

$$a^2+c^2-ac=ac,$$

即

$$(a-c)^2=0.$$

因此

$$a=c.$$

从而

$$A=C. \quad ⑤$$

由②③⑤，得

$$A=B=C=\frac{\pi}{3}.$$

所以△ABC 为等边三角形.

解决数学问题时，往往要先作语言的转换，如把文字语言转换成符号语言，或把符号语言转换成图形语言等. 还要通过细致的分析，把其中的隐含条件明确表示出来.

2. 分析法

证明数学命题时，还经常从要证的结论 Q 出发，反推回去，寻求保证 Q 成立的条件，即使 Q 成立的充分条件 P_1. 为了证明 P_1 成立，再去寻求 P_1 成立的充分条件 P_2；为了证明 P_2 成立，再去寻求 P_2 成立的充分条件 P_3……直到找到一个明显成立的条件（已知条件、定理、定义、公理等）为止.

例如，基本不等式$\frac{a+b}{2}\geqslant\sqrt{ab}$（$a>0$，$b>0$）的证明就用了上述方法.

要证

$$\frac{a+b}{2}\geqslant\sqrt{ab},$$

只需证

$$a+b\geqslant2\sqrt{ab},$$

只需证

$$a+b-2\sqrt{ab}\geqslant0,$$

只需证

$$(\sqrt{a}-\sqrt{b})^2\geqslant0.$$

由于$(\sqrt{a}-\sqrt{b})^2\geqslant0$显然成立，因此原不等式成立.

一般地，从要证明的结论出发，逐步寻求使它成立的充分条件，直至最后，把要证明的结论归结为判定一个明显成立的条件（已知条件、定理、定义、公理等）为止，这种证明方法叫做**分析法**❶(analytical method).

用Q表示要证明的结论，则分析法可用框图表示为：

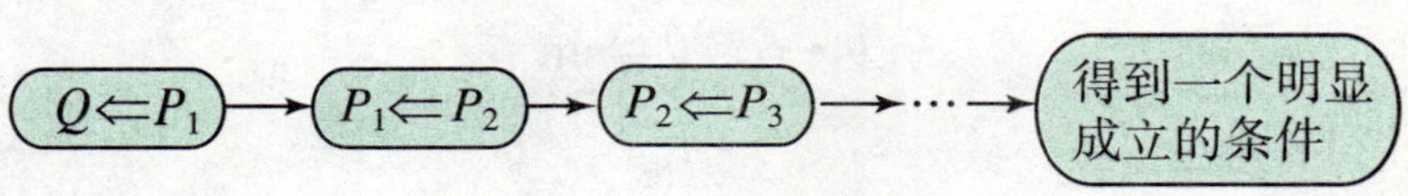

例 2　求证$\sqrt{3}+\sqrt{7}<2\sqrt{5}$.

分析：从待证不等式不易发现证明的出发点，因此我们直接从待证不等式出发，分析其成立的充分条件.

证明：因为$\sqrt{3}+\sqrt{7}$和$2\sqrt{5}$都是正数，所以要证

$$\sqrt{3}+\sqrt{7}<2\sqrt{5},$$

只需证

$$(\sqrt{3}+\sqrt{7})^2<(2\sqrt{5})^2.$$

展开得

$$10+2\sqrt{21}<20,$$

只需证

$$\sqrt{21}<5,$$

只需证

$$21<25.$$

因为$21<25$成立，所以

❶ 分析法，又叫逆推证法或执果索因法.

$$\sqrt{3}+\sqrt{7}<2\sqrt{5}$$

成立.

在本例中，如果我们从“21<25”出发，逐步倒推回去，就可以用综合法证出结论。但由于我们很难想到从“21<25”入手，所以用综合法比较困难。

思考? 请对综合法与分析法进行比较，说出它们各自的特点. 回顾以往的数学学习，说说你对这两种证明方法的新认识.

事实上，在解决问题时，我们经常把综合法和分析法结合起来使用：根据条件的结构特点去转化结论，得到中间结论 Q'；根据结论的结构特点去转化条件，得到中间结论 P'. 若由 P' 可以推出 Q' 成立，就可以证明结论成立. 下面来看一个例子.

例 3 已知 α，$\beta\neq k\pi+\dfrac{\pi}{2}$ $(k\in\mathbf{Z})$，且

$$\sin\theta+\cos\theta=2\sin\alpha, \quad ①$$

$$\sin\theta\cdot\cos\theta=\sin^2\beta, \quad ②$$

求证：$\dfrac{1-\tan^2\alpha}{1+\tan^2\alpha}=\dfrac{1-\tan^2\beta}{2(1+\tan^2\beta)}$.

分析： 比较已知条件和结论，发现结论中没有出现角 θ，因此第一步工作可以从已知条件中消去 θ. 观察已知条件的结构特点，发现其中蕴含数量关系 $(\sin\theta+\cos\theta)^2-2\sin\theta\cos\theta=1$，于是，由①$^2-2\times$②得 $4\sin^2\alpha-2\sin^2\beta=1$. 把 $4\sin^2\alpha-2\sin^2\beta=1$ 与结论相比较，发现角相同，但函数名称不同，于是尝试转化结论：统一函数名称，即把正切函数化为正（余）弦函数. 把结论转化为 $\cos^2\alpha-\sin^2\alpha=\dfrac{1}{2}(\cos^2\beta-\sin^2\beta)$，再与 $4\sin^2\alpha-2\sin^2\beta=1$ 比较，发现只要把 $\cos^2\alpha-\sin^2\alpha=\dfrac{1}{2}(\cos^2\beta-\sin^2\beta)$ 中的角的余弦转化为正弦，就能达到目的.

证明： 因为 $(\sin\theta+\cos\theta)^2-2\sin\theta\cos\theta=1$，所以将①②代入，可得

$$4\sin^2\alpha-2\sin^2\beta=1. \quad ③$$

另一方面，要证

$$\frac{1-\tan^2\alpha}{1+\tan^2\alpha}=\frac{1-\tan^2\beta}{2(1+\tan^2\beta)},$$

即证

$$\frac{1-\dfrac{\sin^2\alpha}{\cos^2\alpha}}{1+\dfrac{\sin^2\alpha}{\cos^2\alpha}}=\frac{1-\dfrac{\sin^2\beta}{\cos^2\beta}}{2\left(1+\dfrac{\sin^2\beta}{\cos^2\beta}\right)},$$

即证

$$\cos^2\alpha-\sin^2\alpha=\frac{1}{2}(\cos^2\beta-\sin^2\beta),$$

即证

$$1-2\sin^2\alpha=\frac{1}{2}(1-2\sin^2\beta),$$

即证

$$4\sin^2\alpha-2\sin^2\beta=1.$$

由于上式与③相同，于是问题得证.

用 P 表示已知条件、定义、定理、公理等，用 Q 表示要证明的结论，则上述过程可用框图表示为：

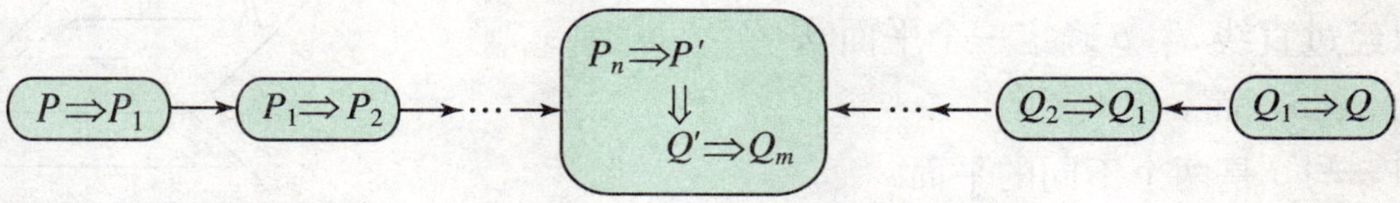

练　习

1. 求证：对于任意角 θ，$\cos^4\theta-\sin^4\theta=\cos 2\theta$.
2. 求证 $\sqrt{6}+\sqrt{7}>2\sqrt{2}+\sqrt{5}$.
3. 已知 $\tan\alpha+\sin\alpha=a$，$\tan\alpha-\sin\alpha=b$，求证 $(a^2-b^2)^2=16ab$.

2.2.2　反证法

反证法是间接证明的一种基本方法．我们对于这种方法其实并不陌生，在日常生活或解决某些数学问题时，有时会不自觉地使用反证法.

思考？

桌面上有 3 枚正面[1]朝上的硬币，每次用双手同时翻转 2 枚硬币．那么无论怎样翻转，都不能使硬币全部反面朝上．你能解释这种现象吗？

上述现象可以用直接证明的方法解释，但是，我们这里采用反证法.

假设经过若干次翻转可以使硬币全部反面向上．由于每枚硬币从正面朝上变为反面朝

[1] 指有面额的那面.

上，都需要翻转奇数次，所以 3 枚硬币全部反面朝上时，需要翻转 3 个奇数之和次，即要翻转奇数次．但由于每次用双手同时翻转 2 枚硬币，3 枚硬币被翻转的次数只能是 2 的倍数，即偶数次．这个矛盾说明假设错误，原结论正确，即无论怎样翻转都不能使 3 枚硬币全部反面朝上．

一般地，假设原命题不成立（即在原命题的条件下，结论不成立），经过正确的推理，最后得出矛盾，因此说明假设错误，从而证明了原命题成立，这样的证明方法叫做**反证法**(reduction to absurdity)．

例 4 已知直线 a，b 和平面 α，如果 $a\not\subset\alpha$，$b\subset\alpha$，且 $a/\!/b$，求证 $a/\!/\alpha$．

证明： 因为 $a/\!/b$，

所以经过直线 a，b 确定一个平面 β．

因为 $a\not\subset\alpha$，而 $a\subset\beta$，

所以 α 与 β 是两个不同的平面．

因为 $b\subset\alpha$，且 $b\subset\beta$，

所以 $\alpha\cap\beta=b$．

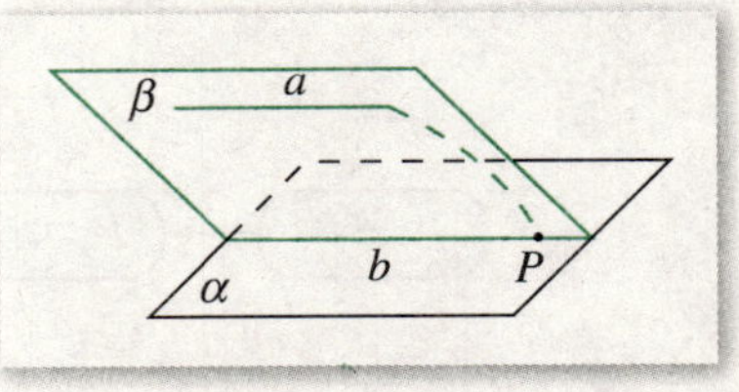

图 2.2-1

下面用反证法证明直线 a 与平面 α 没有公共点．假设直线 a 与平面 α 有公共点 P，则 $P\in\alpha\cap\beta=b$，即点 P 是直线 a 与 b 的公共点，这与 $a/\!/b$ 矛盾．

所以 $a/\!/\alpha$．

例 5 求证 $\sqrt{2}$ 是无理数．

分析： 直接证明一个数是无理数比较困难，我们采用反证法．

假设 $\sqrt{2}$ 不是无理数，那么它就是有理数．我们知道，任一有理数都可以写成形如 $\frac{m}{n}$（m，n 互质，$m\in\mathbf{Z}$，$n\in\mathbf{N}^*$）的形式．下面我们看看能否由此推出矛盾．

证明： 假设 $\sqrt{2}$ 不是无理数，那么它就是有理数．于是，存在互质❶的正整数 m，n，使得 $\sqrt{2}=\frac{m}{n}$，从而有

$$m=\sqrt{2}n,$$

因此

$$m^2=2n^2,$$

所以 m 为偶数．于是可设 $m=2k$（k 是正整数），从而有

$$4k^2=2n^2,$$

即

$$n^2=2k^2,$$

所以 n 也为偶数．这与 m，n 互质矛盾！

由上述矛盾可知假设错误，从而 $\sqrt{2}$ 是无理数．

❶ 两个正整数 m，n 互质，是指 m，n 的最大公约数是 1，即 $(m, n)=1$．

正是 $\sqrt{2}$ 的发现，使人们认识到在有理数之外，还有一类数与 1 是不可公度的，这就是无理数，从而引发了数学史上的第一次危机，大大推动了数学前进的步伐．

由上面的例子可以看出，反证法的关键是在正确的推理下得出矛盾．这个矛盾可以是与已知条件矛盾，或与假设矛盾，或与定义、公理、定理、事实矛盾等．

反证法常常是解决某些“疑难”问题的有力工具．英国近代数学家哈代曾经这样称赞它：“……归谬法（反证法）是数学家最有力的一件武器，比起象棋开局时牺牲一子以取得优势的让棋法，它还要高明．象棋对奕者不外牺牲一卒或顶多一子，数学家索性把全局拱手让予对方！”

事实上，数学史上有很多经典证明（如“质数有无限多个”的证明）就采用了反证法．感兴趣的同学可以自己查找相关书籍，进一步了解反证法的作用及应用．

练习

1. 证明：在$\triangle ABC$中，若$\angle C$是直角，则$\angle B$一定是锐角．
2. 求证：$\sqrt{2}$，$\sqrt{3}$，$\sqrt{5}$不可能成等差数列．

习题 2.2

A 组

1. 已知$a\neq 0$，证明关于x的方程$ax=b$有且只有一个根．
2. 已知A，B都是锐角，且$A+B\neq\frac{\pi}{2}$，$(1+\tan A)(1+\tan B)=2$，求证$A+B=\frac{\pi}{4}$．
3. 已知$\frac{1-\tan\alpha}{2+\tan\alpha}=1$，求证$3\sin 2\alpha=-4\cos 2\alpha$．
4. $\triangle ABC$的三边a，b，c的倒数成等差数列，求证$B<\frac{\pi}{2}$．

B 组

1. 设a，b，c为一个三角形的三边，且$s^2=2ab$，这里$s=\frac{1}{2}(a+b+c)$．试证$s<2a$．
2. 设实数a，b，c成等比数列，非零实数x，y分别为a与b，b与c的等差中项，试证
$$\frac{a}{x}+\frac{c}{y}=2.$$
3. 若$\tan(\alpha+\beta)=2\tan\alpha$，求证$3\sin\beta=\sin(2\alpha+\beta)$．

2.3 数学归纳法

数学归纳法是一种特殊的证明方法，主要用于研究与正整数有关的数学问题. 例如，对于数列$\{a_n\}$，已知$a_1=1$，$a_{n+1}=\dfrac{a_n}{1+a_n}$（$n=1$，2，3，…），通过对$n=1$，2，3，4 前 4 项的归纳，我们已经猜想出其通项公式为$a_n=\dfrac{1}{n}$. 但是，我们只能肯定这个猜想对前 4 项成立，而不敢肯定它对后续的项也成立. 这个猜想需要证明.

自然地，我们会想到从$n=5$开始一个个往下验证. 一般来说，与正整数n有关的命题，当n比较小时可以逐个验证，但当n较大时，验证起来会很麻烦. 特别是证明n取所有正整数都成立的命题时，逐一验证是不可能的. 因此，从$n=5$开始逐个往下验证的想法价值不大. 我们需要另辟蹊径，寻求一种方法：通过有限个步骤的推理，证明n取所有正整数都成立.

我们先从多米诺骨牌游戏说起. 这是一种码放骨牌的游戏，码放时保证任意相邻的两块骨牌，若前一块骨牌倒下，则一定导致后一块骨牌也倒下. 只要推倒第一块骨牌，由于第一块骨牌倒下，就可导致第二块骨牌倒下；而第二块骨牌倒下，就可导致第三块骨牌倒下……最后，不论有多少块骨牌，都能全部倒下.

思考？ 这个游戏中，能使所有多米诺骨牌全部倒下的条件是什么？

可以看出，只要满足以下两个条件，所有多米诺骨牌就都能倒下：

(1) 第一块骨牌倒下；

(2) 任意相邻的两块骨牌，前一块倒下一定导致后一块倒下.

思考？ 你认为条件 (2) 的作用是什么？

可以看出，条件（2）事实上给出了一个递推关系：

当第 k 块倒下时，相邻的第 $k+1$ 块也倒下.

这样，只要第1块骨牌倒下，其他所有的骨牌就能够相继倒下. 事实上，无论有多少块骨牌，只要保证（1）（2）成立，那么所有的骨牌一定可以全部倒下.

思考

你认为证明数列的通项公式是 $a_n=\frac{1}{n}$ 这个猜想与上述多米诺骨牌游戏有相似性吗？你能类比多米诺骨牌游戏解决这个问题吗？

由条件容易知道，$n=1$ 时猜想成立. 这就相当于游戏的条件（1）. 类比条件（2），可以考虑证明一个递推关系：

如果 $n=k$ 时猜想成立，即 $a_k=\frac{1}{k}$，那么当 $n=k+1$ 时猜想也成立，即 $a_{k+1}=\frac{1}{k+1}$.

事实上，如果 $a_k=\frac{1}{k}$，那么

$$a_{k+1}=\frac{a_k}{1+a_k}=\frac{\frac{1}{k}}{1+\frac{1}{k}}=\frac{1}{k+1},$$

即 $n=k+1$ 时猜想也成立.

这样，对于猜想，由已知 $n=1$ 成立，就有 $n=2$ 也成立；$n=2$ 成立，就有 $n=3$ 也成立；$n=3$ 成立，就有 $n=4$ 也成立；$n=4$ 成立，就有 $n=5$ 也成立……所以，对任意的正整数 n，猜想都成立，即数列的通项公式是 $a_n=\frac{1}{n}$.

一般地，证明一个与正整数 n 有关的命题，可按下列步骤进行：

（1）（归纳奠基）**证明当 n 取第一个值 n_0（$n_0\in\mathbf{N}^*$）时命题成立；**

（2）（归纳递推）**假设 $n=k$（$k\geqslant n_0$，$k\in\mathbf{N}^*$）时命题成立，证明当 $n=k+1$ 时命题也成立.**

只要完成这两个步骤，就可以断定命题对从 n_0 开始的所有正整数 n 都成立.

上述证明方法叫做**数学归纳法**（mathematical induction）. 用框图表示就是：

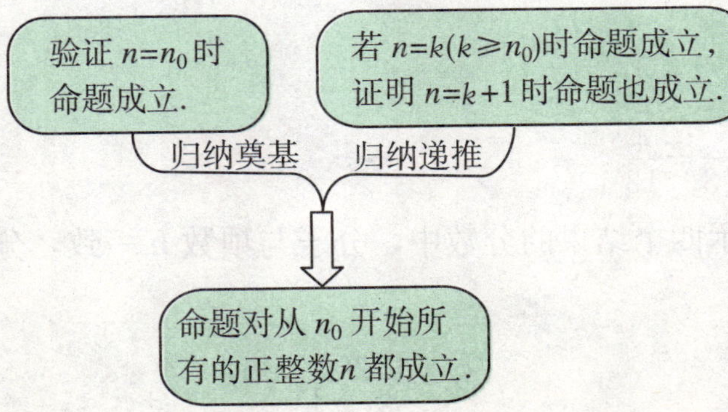

下面看两个例子.

例 1 用数学归纳法证明

$$1^2+2^2+\cdots+n^2=\frac{n(n+1)(2n+1)}{6}\ (n\in\mathbf{N}^*).$$

证明：(1) 当 $n=1$ 时，左边 $=1^2=1$，

$$右边=\frac{1\times(1+1)\times(2\times1+1)}{6}=1,$$

等式成立.

(2) 假设当 $n=k$ ($k\in\mathbf{N}^*$) 时等式成立，即

$$1^2+2^2+\cdots+k^2=\frac{k(k+1)(2k+1)}{6},$$

那么，

$$\begin{aligned}&1^2+2^2+\cdots+k^2+(k+1)^2\\=&\frac{k(k+1)(2k+1)}{6}+(k+1)^2\\=&\frac{k(k+1)(2k+1)+6(k+1)^2}{6}\\=&\frac{(k+1)(2k^2+7k+6)}{6}\\=&\frac{(k+1)(k+2)(2k+3)}{6}\\=&\frac{(k+1)[(k+1)+1][2(k+1)+1]}{6},\end{aligned}$$

即当 $n=k+1$ 时等式也成立.

根据 (1) 和 (2)，可知等式对任何 $n\in\mathbf{N}^*$ 都成立.

例 2 已知数列 $\frac{1}{1\times4}$，$\frac{1}{4\times7}$，$\frac{1}{7\times10}$，…，$\frac{1}{(3n-2)(3n+1)}$，…，计算 S_1，S_2，S_3，S_4，根据计算结果，猜想 S_n 的表达式，并用数学归纳法进行证明.

解： $S_1=\frac{1}{1\times4}=\frac{1}{4}$；

$S_2=\frac{1}{4}+\frac{1}{4\times7}=\frac{2}{7}$；

$S_3=\frac{2}{7}+\frac{1}{7\times10}=\frac{3}{10}$；

$S_4=\frac{3}{10}+\frac{1}{10\times13}=\frac{4}{13}$.

可以看到，上面表示四个结果的分数中，分子与项数 n 一致，分母可用项数 n 表示为 $3n+1$. 于是可以猜想

$$S_n=\frac{n}{3n+1}.$$

下面我们用数学归纳法证明这个猜想.

(1) 当 $n=1$ 时，左边 $=S_1=\frac{1}{4}$，

$$右边=\frac{n}{3n+1}=\frac{1}{3\times1+1}=\frac{1}{4},$$

猜想成立.

(2) 假设当 $n=k$ $(k\in\mathbf{N}^*)$ 时猜想成立，即

$$\frac{1}{1\times4}+\frac{1}{4\times7}+\frac{1}{7\times10}+\cdots+\frac{1}{(3k-2)(3k+1)}=\frac{k}{3k+1},$$

那么，

$$\frac{1}{1\times4}+\frac{1}{4\times7}+\frac{1}{7\times10}+\cdots+\frac{1}{(3k-2)(3k+1)}+\frac{1}{[3(k+1)-2][3(k+1)+1]}$$

$$=\frac{k}{3k+1}+\frac{1}{(3k+1)(3k+4)}$$

$$=\frac{3k^2+4k+1}{(3k+1)(3k+4)}$$

$$=\frac{(3k+1)(k+1)}{(3k+1)(3k+4)}$$

$$=\frac{k+1}{3(k+1)+1},$$

所以，当 $n=k+1$ 时猜想也成立.

根据 (1) 和 (2)，可知猜想对任何 $n\in\mathbf{N}^*$ 都成立.

练　习

用数学归纳法证明：

1. 首项是 a_1，公差是 d 的等差数列的通项公式是 $a_n=a_1+(n-1)d$，前 n 项和的公式是 $S_n=na_1+\frac{n(n-1)}{2}d$.

2. 首项是 a_1，公比是 q 的等比数列的通项公式是 $a_n=a_1q^{n-1}$，前 n 项和的公式是 $S_n=\frac{a_1(1-q^n)}{1-q}$ $(q\neq1)$.

习题2.3

A 组

1. 用数学归纳法证明：

(1) $1+2+3+\cdots+n=\frac{1}{2}n(n+1)$；

(2) 当 n 为正整数时，$1+3+5+\cdots+(2n-1)=n^2$；

(3) $1+2+2^2+\cdots+2^{n-1}=2^n-1$.

2. 已知数列$\frac{1}{1\times2}$，$\frac{1}{2\times3}$，$\frac{1}{3\times4}$，…，$\frac{1}{n(n+1)}$，…，计算 S_1，S_2，S_3，由此推测计算 S_n的公式，并给出证明.

B 组

用数学归纳法证明：

1. $\frac{1}{1\times3}+\frac{1}{3\times5}+\frac{1}{5\times7}+\cdots+\frac{1}{(2n-1)(2n+1)}=\frac{n}{2n+1}$.

2. $1\cdot n+2\cdot(n-1)+3\cdot(n-2)+\cdots+n\cdot1=\frac{1}{6}n(n+1)(n+2)$.

小　结

一、本章知识结构

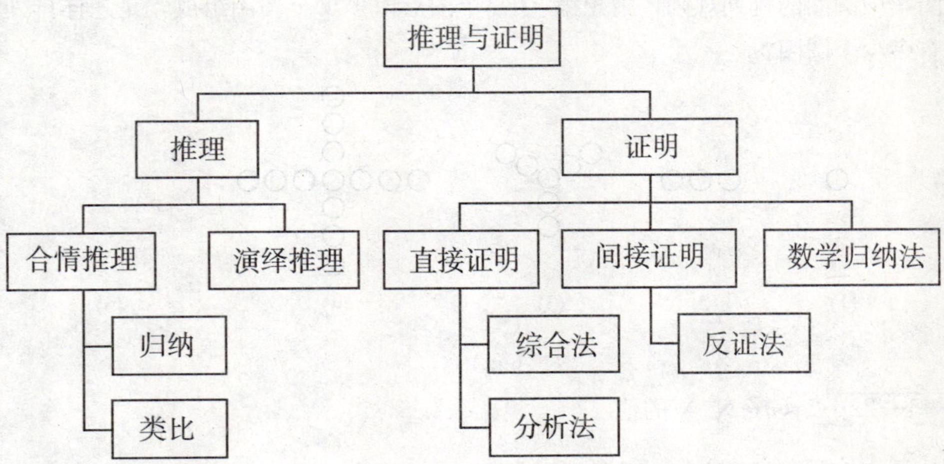

二、回顾与思考

1. 归纳和类比都是合情推理，前者是由特殊到一般、部分到整体的推理，后者是由特殊到特殊的推理．但二者都能由已知推测未知，都能用于猜测，推理的结论都有待进一步证明．你能举出几个用合情推理进行猜想的例子吗？

2. 演绎推理与合情推理不同，是由一般到特殊的推理，是数学中证明的基本推理形式，也是公理体系所采用的推理形式．另一方面，合情推理与演绎推理又是相辅相成的，前者是后者的前提，后者论证前者的可靠性．举例说明你在证明中是怎样运用合情推理和演绎推理的．

3. 直接证明和间接证明是数学证明的两类基本证明方法．本章介绍了直接证明的两个基本方法：综合法和分析法，间接证明的一种基本方法：反证法．你能分别说出这几种证明方法的特点吗？结合自己以往的数学学习经历，说说一般在什么情况下，你会选择相应的何种证明方法？有人说，推理与证明是数学的一般思考方式，也是学数学、做数学的基本功，你认为呢？

4. 数学归纳法主要用于解决与正整数有关的数学问题．证明时，它的两个步骤（归纳奠基与归纳递推）缺一不可．你能说说数学归纳法中两个步骤各自的作用吗？它们之间有怎样的关系？

复习参考题

A 组

1. 根据下列图案中圆圈的排列规则，猜想第（5）个图形由多少个圆圈组成，是怎样排列的；第 n 个图形中共有多少个圆圈？

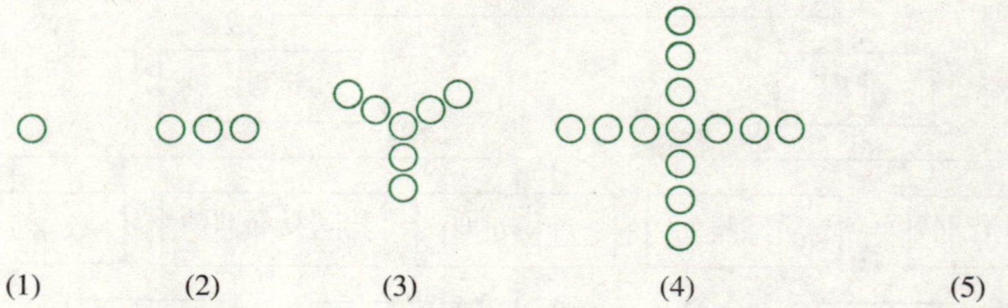

（第 1 题）

2. 猜想 $\sqrt{\underbrace{11\cdots1}_{2n个}-\underbrace{22\cdots2}_{n个}}$（$n\in\mathbf{N}^*$）的值.

3. 设 $f(n)>0$（$n\in\mathbf{N}^*$），$f(2)=4$，并且对于任意 n_1，$n_2\in\mathbf{N}^*$，$f(n_1+n_2)=f(n_1)f(n_2)$成立. 猜想 $f(n)$的表达式.

4. 任取一个正整数，反复进行下述两种运算：

   （1）若是奇数，就将该数乘以 3 再加上 1；

   （2）若是偶数，就将该数除以 2.

   你能据此作出什么猜想？

5. 已知 O 是$\triangle ABC$ 内任意一点，连结 AO，BO，CO 并延长交对边于 A'，B'，C'，则

$$\frac{OA'}{AA'}+\frac{OB'}{BB'}+\frac{OC'}{CC'}=1.$$

   这是平面几何中的一个命题，其证明常采用“面积法”：

$$\frac{OA'}{AA'}+\frac{OB'}{BB'}+\frac{OC'}{CC'}=\frac{S_{\triangle OBC}}{S_{\triangle ABC}}+\frac{S_{\triangle OCA}}{S_{\triangle ABC}}+\frac{S_{\triangle OAB}}{S_{\triangle ABC}}=\frac{S_{\triangle ABC}}{S_{\triangle ABC}}=1.$$

   运用类比，猜想对于空间中的四面体 V-BCD，存在什么类似的结论，并用“体积法”证明.

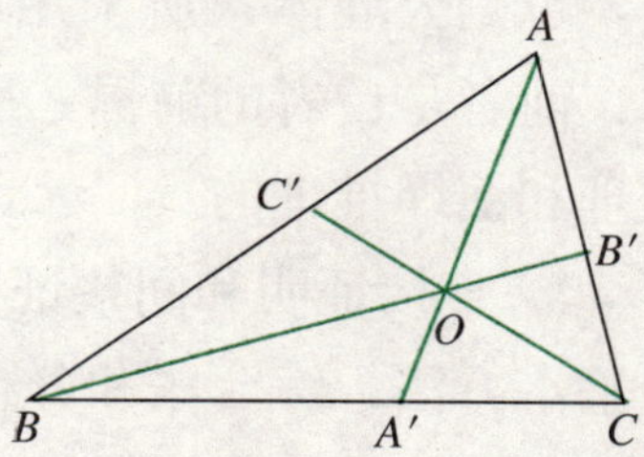

（第 5 题）

6. 已知 $A+B=\frac{5}{4}\pi$，且 A，$B\neq k\pi+\frac{\pi}{2}$（$k\in\mathbf{Z}$），求证（$1+\tan A$）（$1+\tan B$）$=2$.

7. 用数学归纳法证明：$-1+3-5+\cdots+(-1)^n(2n-1)=(-1)^n n$.

B 组

1. 如图，在圆内画 1 条线段，将圆分割成两部分；画 2 条相交线段，彼此分割成 4 条线段，将圆分割成 4 部分；画 3 条线段，彼此最多分割成 9 条线段，将圆最多分割成 7 部分；画 4 条线段，彼此最多分割成 16 条线段，将圆最多分割成 11 部分. 那么

（1）在圆内画 5 条线段，它们彼此最多分割成多少条线段？将圆最多分割成多少部分？

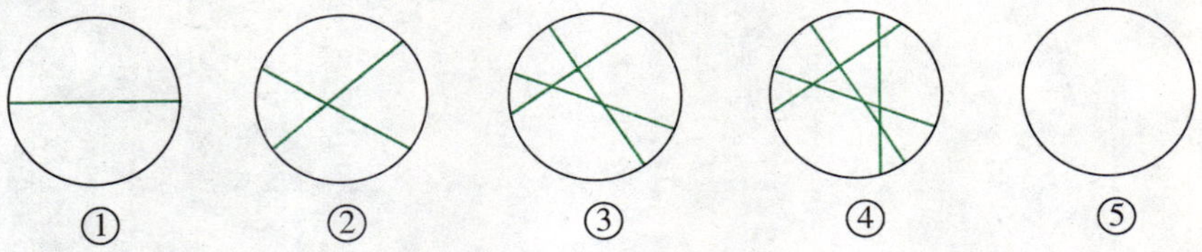

（2）猜想：圆内两两相交的 n 条线段，彼此最多分割成多少条线段？

（3）猜想：在圆内画 n 条线段，两两相交，将圆最多分割成多少部分？并用数学归纳法证明你所得到的猜想.

2. 设 $\sin\alpha$ 是 $\sin\theta$，$\cos\theta$ 的等差中项，$\sin\beta$ 是 $\sin\theta$，$\cos\theta$ 的等比中项，求证 $\cos 4\beta-4\cos 4\alpha=3$.

3

数系的不断扩充体现了人类在数的认识上的深化.就像人类进入太空实现了对宇宙认识的飞跃一样，复数的引入是对数的认识的一次飞跃.

第三章
数系的扩充与复数的引入

3.1 数系的扩充和复数的概念

3.2 复数代数形式的四则运算

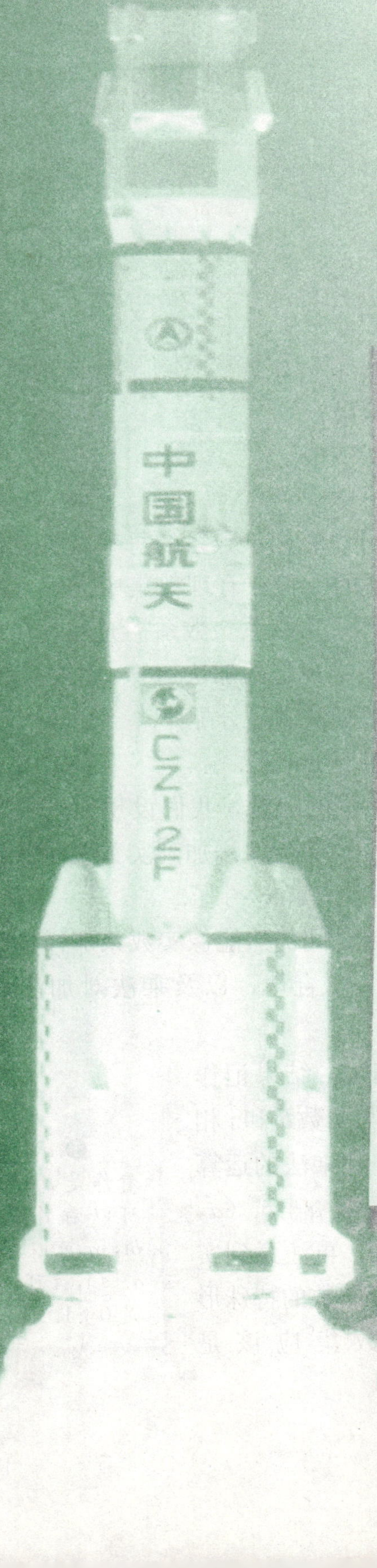

我们知道，在实数集内，像$x^2+1=0$这样的方程是没有根的. 因此在研究代数方程的过程中，如果限于实数系，有些问题就无法解决. 一个自然的想法是，能否像引进无理数而把有理数系扩充到实数系那样，通过引进新的数而使实数系得到进一步扩充，从而使问题变得可以解决呢？复数概念的引入与这种想法直接相关.

复数是16世纪人们在讨论一元二次方程、一元三次方程的求根公式时引入的. 它在数学、力学、电学及其他学科中都有广泛的应用. 复数与向量、平面解析几何、三角函数等都有密切的联系，也是进一步学习数学的基础.

本章我们将通过解方程等具体问题，感受引入复数概念的必要性，了解从实数系到复数系的扩充过程，学习复数的一些基本知识，感受人类理性思维在数系扩充中的作用.

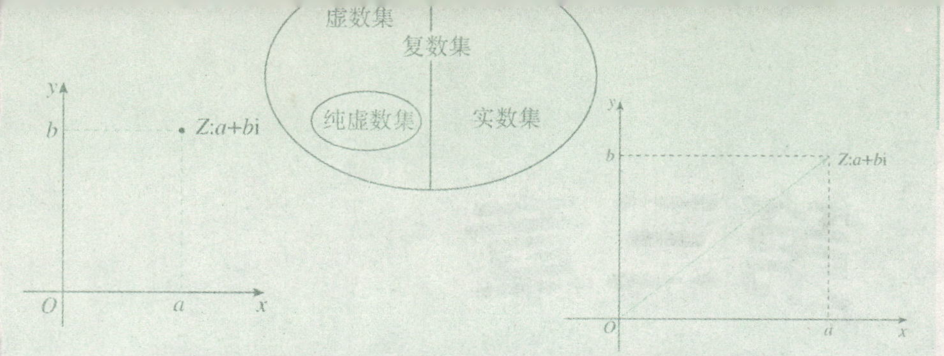

CHAPTER 3

3.1 数系的扩充和复数的概念

3.1.1 数系的扩充和复数的概念

思考?

方程 $x^2+1=0$ 在实数集中无解. 联系从自然数系到实数系的扩充过程，你能设想一种方法，使这个方程有解吗？

回顾从自然数系逐步扩充到实数系的过程，可以看到，数系的每一次扩充都与实际需求密切相关. 例如，为了解决 $x^2-2=0$ 这样的方程在有理数集中无解，以及正方形对角线的度量等问题，人们把有理数系扩充到了实数系. 数系扩充后，在实数系中规定的加法运算、乘法运算，与原来在有理数系中规定的加法运算、乘法运算协调一致：加法和乘法都满足交换律和结合律，乘法对加法满足分配律.

依照这种思想，我们来研究把实数系进一步扩充的问题.

为了解决 $x^2+1=0$ 这样的方程在实数系中无解的问题，我们设想引入一个新数 i，使 i 是方程 $x^2+1=0$ 的根，即使 $\mathrm{i}\cdot\mathrm{i}=-1$. 把这个新数 i 添加到实数集中去，得到一个新数集，记作 A，那么方程 $x^2+1=0$ 在 A 中就有解 $x=\mathrm{i}$ 了.

我们从数集 A 出发，希望新引进的数 i 和实数之间仍然能像实数系那样进行加法和乘法运算，并希望加法和乘法都满足交换律、结合律，以及乘法对加法满足分配律.

依照以上设想，把实数 a 与新引入的数 i 相加，结果记作 $a+\mathrm{i}$；把实数 b 与 i 相乘，结果记作 $b\mathrm{i}$；把实数 a 与实数 b 和 i 相乘的结果相加，结果记作 $a+b\mathrm{i}$，等等. 由于加法和乘法的运算律仍然应该成立，从而这些运算的结果都可以写成 $a+b\mathrm{i}$ (a, $b\in\mathbf{R}$) 的形式，应把这些数都添加到数集 A 中去. 再注意到实数 a 和数 i，也可以看作是 $a+b\mathrm{i}$ (a, $b\in\mathbf{R}$)❶这样的数的特殊形式，所以实数系经过扩充后得到的新数集应该是 $\mathbf{C}=\{a+b\mathrm{i}\mid a, b\in\mathbf{R}\}$.

❶ $a+\mathrm{i}$ 可以看作是 $a+1\mathrm{i}$，$b\mathrm{i}$ 可以看作是 $0+b\mathrm{i}$，a 可以看作是 $a+0\mathrm{i}$，i 可以看作是 $0+1\mathrm{i}$.

我们把集合 $\mathbf{C}=\{a+bi \mid a, b\in\mathbf{R}\}$ 中的数，即形如 $a+bi$ $(a, b\in\mathbf{R})$ 的数叫做**复数**（complex number），其中 i 叫做**虚数单位**❶（imaginary unit）．全体复数所成的集合 $\mathbf{C}$ 叫做**复数集**（set of complex numbers）．

❶ 虚数单位 i 是瑞士数学家欧拉（Euler）最早引用的，它取自 imaginary（想象的，假想的）一词的词头．

复数通常用字母 z 表示，即 $z=a+bi$ $(a, b\in\mathbf{R})$，这一表示形式叫做**复数的代数形式**（algebraic form of complex number）．对于复数 $z=a+bi$，以后不作特殊说明，都有 $a, b\in\mathbf{R}$，其中的 a 与 b 分别叫做复数 z 的**实部**（real part）与**虚部**（imaginary part）．

在复数集 $\mathbf{C}=\{a+bi \mid a, b\in\mathbf{R}\}$ 中任取两个数 $a+bi$，$c+di$ $(a, b, c, d\in\mathbf{R})$，我们规定：

$$a+bi \text{ 与 } c+di \text{ 相等的充要条件是 } a=c \text{ 且 } b=d.$$

思考

复数集 $\mathbf{C}$ 和实数集 $\mathbf{R}$ 之间有什么关系？

对于复数 $a+bi$，当且仅当 $b=0$ 时，它是实数；当且仅当 $a=b=0$ 时，它是实数 0；当 $b\neq 0$ 时，叫做虚数；当 $a=0$ 且 $b\neq 0$ 时，叫做纯虚数．

例如，$3+2i$，$\frac{1}{2}-\sqrt{3}i$，$-\sqrt{3}-\frac{1}{2}i$，$-0.2i$ 都是虚数，它们的实部分别是 3，$\frac{1}{2}$，$-\sqrt{3}$，0，虚部分别是 2，$-\sqrt{3}$，$-\frac{1}{2}$，-0.2，并且其中只有 $-0.2i$ 是纯虚数．

显然，实数集 $\mathbf{R}$ 是复数集 $\mathbf{C}$ 的真子集，即 $\mathbf{R}\subsetneqq\mathbf{C}$．

这样，复数 $z=a+bi$ 可以分类如下：

$$\text{复数 } z\begin{cases}\text{实数}\ (b=0),\\ \text{虚数}\ (b\neq 0)\ (\text{当 } a=0 \text{ 时为纯虚数}).\end{cases}$$

复数集、实数集、虚数集、纯虚数集之间的关系，可用图 3.1-1 表示．

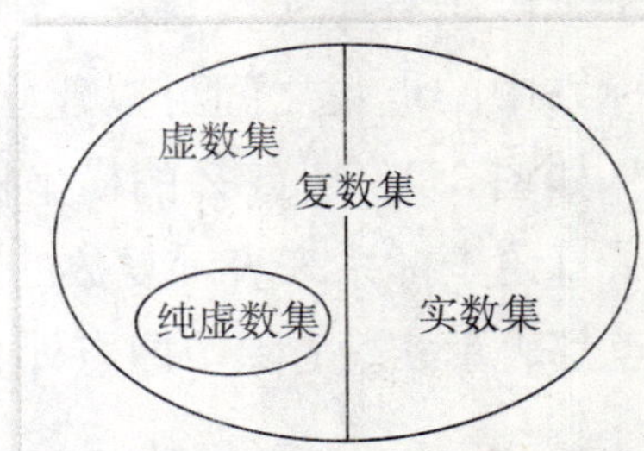

图 3.1-1

例 1　实数 m 取什么值时，复数

$$z=m+1+(m-1)i$$

是（1）实数？（2）虚数？（3）纯虚数？

分析：因为 $m\in\mathbf{R}$，所以 $m+1$，$m-1$ 都是实数．由复数 $z=a+bi$ 是实数、虚数和纯虚数的条件可以确定 m 的取值．

解：（1）当 $m-1=0$，即 $m=1$ 时，复数 z 是实数；

（2）当 $m-1\neq 0$，即 $m\neq 1$ 时，复数 z 是虚数；

（3）当 $m+1=0$，且 $m-1\neq 0$，即 $m=-1$ 时，复数 z 是纯虚数．

练 习

1. 说出下列复数的实部和虚部：

$-2+\frac{1}{3}\mathrm{i}$，$\sqrt{2}+\mathrm{i}$，$\frac{\sqrt{2}}{2}$，$-\sqrt{3}\mathrm{i}$，i，0.

2. 指出下列各数中，哪些是实数，哪些是虚数，哪些是纯虚数，为什么？

$2+\sqrt{7}$，0.618，$\frac{2}{7}\mathrm{i}$，0，i，i^2，$5\mathrm{i}+8$，$3-9\sqrt{2}\mathrm{i}$，$\mathrm{i}(1-\sqrt{3})$，$\sqrt{2}-\sqrt{2}\mathrm{i}$.

3. 如果 $(x+y)+(y-1)\mathrm{i}=(2x+3y)+(2y+1)\mathrm{i}$，求实数 x，y 的值.

3.1.2 复数的几何意义

思考

我们知道，实数与数轴上的点一一对应，因此，实数可用数轴上的点来表示. 类比实数的几何意义，复数的几何意义是什么呢？

根据复数相等的定义，任何一个复数 $z=a+b\mathrm{i}$，都可以由一个有序实数对 $(a,\ b)$ 唯一确定. 由于有序实数对 $(a,\ b)$ 与平面直角坐标系中的点一一对应，因此复数集与平面直角坐标系中的点集之间可以建立一一对应.

如图 3.1-2，点 Z 的横坐标是 a，纵坐标是 b，复数 $z=a+b\mathrm{i}$ 可用点 $Z(a,\ b)$ 表示，这个建立了直角坐标系来表示复数的平面叫做**复平面**，x 轴叫做**实轴**，y 轴叫做**虚轴**. 显然，实轴上的点都表示实数；除了原点外，虚轴上的点都表示纯虚数.

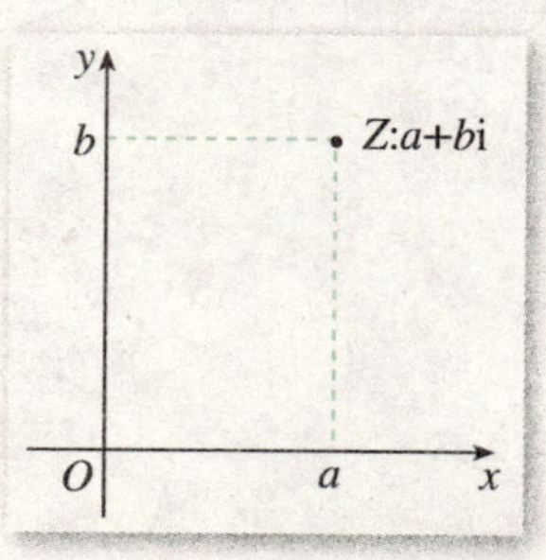

图 3.1-2

复数的这种几何表示于 1797 年由挪威的测量学家韦塞尔（Caspar Wessel）提出，随即由瑞士的藏书家阿甘得（Jean-Robert Argand）出书进行讨论并得到高斯的认同，因此这种几何表示也称阿甘得图（Argand diagram）.

例如，复平面内的原点 (0，0) 表示实数 0，实轴上的点 (2，0) 表示实数 2，虚轴上的点 (0，−1) 表示纯虚数 $-\mathrm{i}$，点 (−2，3) 表示复数 $-2+3\mathrm{i}$ 等.

按照这种表示方法，每一个复数，有复平面内唯一的一个点和它对应；反过来，复平面内的每一个点，有唯一的一个复数和它对应. 由此可知，复数集 **C** 和复平面内所有的点

所成的集合是一一对应的，即

复数 $z=a+bi \xleftrightarrow{\text{一一对应}}$ 复平面内的点 $Z(a, b)$

这是复数的一种几何意义.

在平面直角坐标系中，每一个平面向量都可以用一个有序实数对来表示，而有序实数对与复数是一一对应的. 这样，我们还可以用平面向量来表示复数.

如图 3.1-3，设复平面内的点 Z 表示复数 $z=a+bi$，连结 OZ，显然向量 $\overrightarrow{OZ}$ 由点 Z 唯一确定；反过来，点 Z（相对于原点来说）也可以由向量 $\overrightarrow{OZ}$ 唯一确定. 因此，复数集 $\mathbf{C}$ 与复平面内的向量所成的集合也是一一对应的（实数 0 与零向量对应），即

复数 $z=a+bi \xleftrightarrow{\text{一一对应}}$ 平面向量 $\overrightarrow{OZ}$

这是复数的另一种几何意义.

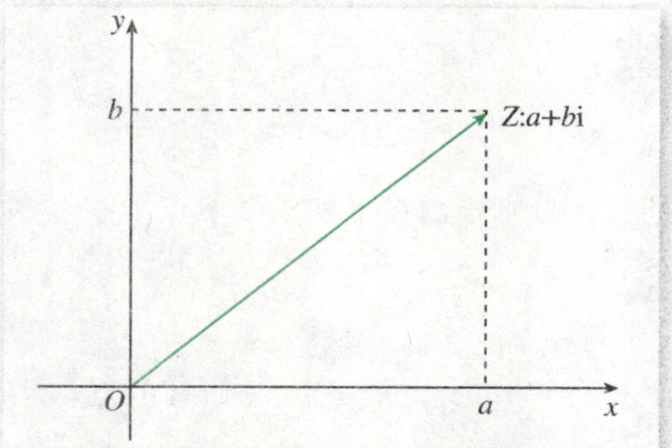

图 3.1-3

向量 $\overrightarrow{OZ}$ 的模 r 叫做复数 $z=a+bi$ 的模，记作 $|z|$ 或 $|a+bi|$. 如果 $b=0$，那么 $z=a+bi$ 是一个实数 a，它的模等于 $|a|$（就是 a 的绝对值）. 由模的定义可知：

$|z|=|a+bi|=r=\sqrt{a^2+b^2}$ $(r\geqslant 0, r\in\mathbf{R})$.

为方便起见，我们常把复数 $z=a+bi$ 说成点 Z 或说成向量 $\overrightarrow{OZ}$，并且规定，相等的向量表示同一个复数.

练 习

1. 说出图中复平面内各点所表示的复数（每个小正方格的边长为 1）.

2. 在复平面内，描出表示下列各复数的点：

(1) $2+5i$； (2) $-3+2i$； (3) $2-4i$；

(4) $-3-i$； (5) 5； (6) $-3i$.

3. 已知复数 $2+i$，$-2+4i$，$-2i$，4，$\frac{3}{2}-4i$，在复平面内画出这些复数对应的向量.

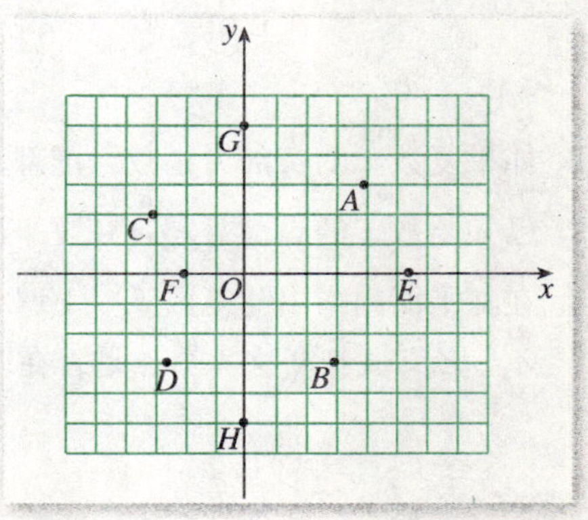

（第 1 题）

习题3.1

A 组

1. 求适合下列方程的实数 x 与 y 的值：

   (1) $(3x+2y)+(5x-y)\mathrm{i}=17-2\mathrm{i}$；

   (2) $(x+y-3)+(x-4)\mathrm{i}=0$.

2. 实数 m 取什么值时，复数 $(m^2-5m+6)+(m^2-3m)\mathrm{i}$ 是

   (1) 实数？　　(2) 虚数？　　(3) 纯虚数？

3. 符合下列条件的复数一定存在吗？若存在，请举出例子；若不存在，请说明理由：

   (1) 实部为 $-\sqrt{2}$ 的虚数；

   (2) 虚部为 $-\sqrt{2}$ 的虚数；

   (3) 虚部为 $-\sqrt{2}$ 的纯虚数.

4. 如果 P 是复平面内表示复数 $a+b\mathrm{i}$ $(a, b\in\mathbf{R})$ 的点，分别指出在下列条件下点 P 的位置：

   (1) $a>0$，$b>0$；　　(2) $a<0$，$b>0$；

   (3) $a=0$，$b\leqslant 0$；　　(4) $b<0$.

5. 实数 m 取什么值时，复平面内表示复数 $z=(m^2-8m+15)+(m^2-5m-14)\mathrm{i}$ 的点

   (1) 位于第四象限？

   (2) 位于第一、三象限？

   (3) 位于直线 $y=x$ 上？

6. 在复平面内，O 是原点，向量 $\overrightarrow{OA}$ 对应的复数是 $2+\mathrm{i}$.

   (1) 如果点 A 关于实轴的对称点为点 B，求向量 $\overrightarrow{OB}$ 对应的复数；

   (2) 如果 (1) 中点 B 关于虚轴的对称点为点 C，求点 C 对应的复数.

B 组

1. 如果复数 z 的实部为正数，虚部为 3，那么在复平面内，复数 z 对应的点应位于怎样的图形上？

2. 已知复数 z 的虚部为 $\sqrt{3}$，在复平面内复数 z 对应的向量的模为 2，求该复数 z.

3. 在复平面内指出与复数 $z_1=1+2\mathrm{i}$，$z_2=\sqrt{2}+\sqrt{3}\mathrm{i}$，$z_3=\sqrt{3}-\sqrt{2}\mathrm{i}$，$z_4=-2+\mathrm{i}$ 对应的点 Z_1，Z_2，Z_3，Z_4. 试判断这 4 个点是否在同一个圆上？并证明你的结论.

3.2 复数代数形式的四则运算

在上一节，我们把实数系扩充到了复数系．下面，我们按照那里的分析，进一步讨论复数系中的运算问题．

3.2.1 复数代数形式的加、减运算及其几何意义

我们规定，复数的加法法则如下：

设 $z_1=a+b\mathrm{i}$，$z_2=c+d\mathrm{i}$ 是任意两个复数，那么

$$(a+b\mathrm{i})+(c+d\mathrm{i})=(a+c)+(b+d)\mathrm{i}.$$

很明显，两个复数的和仍然是一个确定的复数．

探究

复数的加法满足交换律、结合律吗？

容易得到，对任意 z_1，z_2，$z_3\in\mathbf{C}$，有

$$z_1+z_2=z_2+z_1,$$

$$(z_1+z_2)+z_3=z_1+(z_2+z_3).$$

探究

复数与复平面内的向量有一一对应关系．我们讨论过向量加法的几何意义，你能由此出发讨论复数加法的几何意义吗？

设$\overrightarrow{OZ_1}$，$\overrightarrow{OZ_2}$分别与复数 $a+bi$，$c+di$ 对应，则$\overrightarrow{OZ_1}=(a, b)$，$\overrightarrow{OZ_2}=(c, d)$．由平面向量的坐标运算，得

$$\overrightarrow{OZ_1}+\overrightarrow{OZ_2}=(a+c, b+d).$$

这说明两个向量$\overrightarrow{OZ_1}$与$\overrightarrow{OZ_2}$的和就是与复数$(a+c)+(b+d)\mathrm{i}$对应的向量．因此，复数的加法可以按照向量的加法来进行（图 3.2-1），这是复数加法的几何意义．

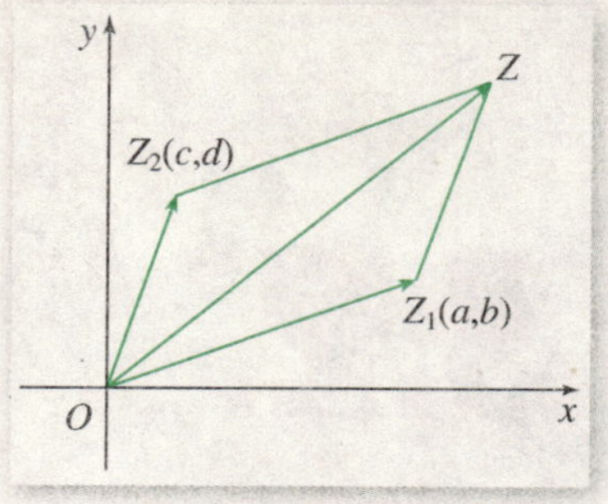

图 3.2-1

思考

复数是否有减法？如何理解复数的减法？

类比实数集中减法的意义，我们规定，复数的减法是加法的逆运算，即把满足

$$(c+d\mathrm{i})+(x+y\mathrm{i})=a+b\mathrm{i}$$

的复数 $x+y\mathrm{i}$ 叫做复数 $a+b\mathrm{i}$ 减去复数 $c+d\mathrm{i}$ 的差，记作$(a+b\mathrm{i})-(c+d\mathrm{i})$．根据复数相等的定义，有

$$c+x=a, \ d+y=b,$$

因此

$$x=a-c, \ y=b-d,$$

所以

$$x+y\mathrm{i}=(a-c)+(b-d)\mathrm{i},$$

即

$$(a+b\mathrm{i})-(c+d\mathrm{i})=(a-c)+(b-d)\mathrm{i}.$$

这就是复数的减法法则．由此可见，两个复数的差是一个确定的复数．

探究

类比复数加法的几何意义，请指出复数减法的几何意义．

例 1 计算$(5-6\mathrm{i})+(-2-\mathrm{i})-(3+4\mathrm{i})$．

解：$(5-6\mathrm{i})+(-2-\mathrm{i})-(3+4\mathrm{i})$
$=(5-2-3)+(-6-1-4)\mathrm{i}$
$=-11\mathrm{i}$.

练　习

1. 计算：

(1) $(2+4i)+(3-4i)$；　　(2) $5-(3+2i)$；

(3) $(-3-4i)+(2+i)-(1-5i)$；(4) $(2-i)-(2+3i)+4i$.

2. 如图的向量$\overrightarrow{OZ}$对应的复数是z，试作出下列运算的结果对应的向量：

(1) $z+1$；　　(2) $z-i$；

(3) $z+(-2+i)$.

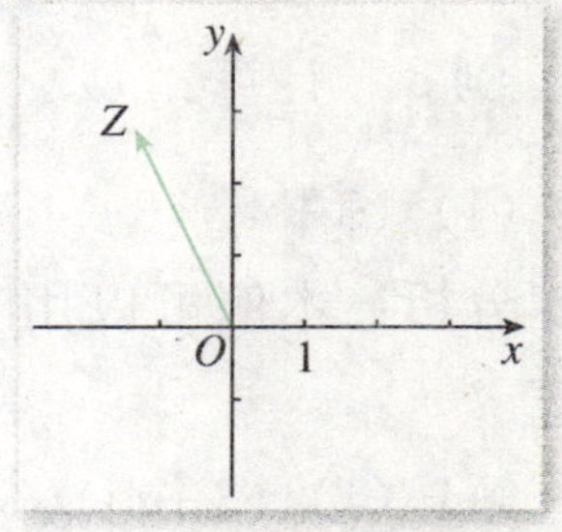

(第 2 题)

3.2.2　复数代数形式的乘除运算

我们规定，复数的乘法法则如下：

设 $z_1=a+bi$，$z_2=c+di$ 是任意两个复数，那么它们的积

$$(a+bi)(c+di)=ac+bci+adi+bdi^2$$
$$=(ac-bd)+(ad+bc)i.$$

可以看出，两个复数相乘，类似于两个多项式相乘，只要在所得的结果中把 i^2 换成 -1，并且把实部与虚部分别合并即可.

两个复数的积是一个确定的复数.

探究

复数的乘法是否满足交换律、结合律？乘法对加法满足分配律吗？

容易得到，对于任意 z_1，z_2，$z_3\in\mathbf{C}$，有

$$z_1\cdot z_2=z_2\cdot z_1,$$
$$(z_1\cdot z_2)\cdot z_3=z_1\cdot(z_2\cdot z_3),$$
$$z_1(z_2+z_3)=z_1z_2+z_1z_3.$$

例 2　计算$(1-2i)(3+4i)(-2+i)$.

解： $(1-2i)(3+4i)(-2+i)$

$=(11-2i)(-2+i)$

$=-20+15i$.

例 3 计算：

(1) $(3+4i)(3-4i)$； (2) $(1+i)^2$.

分析： 本例可以用复数的乘法法则计算，也可以用乘法公式❶计算.

> ❶ 指的是与实数系中的乘法公式相对应的公式.

解： (1) $(3+4i)(3-4i)$

$=3^2-(4i)^2$

$=9-(-16)$

$=25$.

(2) $(1+i)^2=1+2i+i^2$

$=1+2i-1$

$=2i$.

本例 (1) 中的两个复数 $3+4i$，$3-4i$ 称为共轭复数.

一般地，当两个复数的实部相等，虚部互为相反数时，这两个复数叫做互为**共轭复数**❷（conjugate complex number）. 虚部不等于 0 的两个共轭复数也叫做共轭虚数.

> ❷ 通常记复数 z 的共轭复数为 $\bar{z}$.

思考

若 z_1，z_2 是共轭复数，那么

(1) 在复平面内，它们所对应的点有怎样的位置关系？

(2) $z_1 \cdot z_2$ 是一个怎样的数？

探究

类比实数的除法是乘法的逆运算，我们规定复数的除法是乘法的逆运算. 试探求复数除法的法则.

复数除法的法则是：

$$(a+bi)\div(c+di)=\frac{ac+bd}{c^2+d^2}+\frac{bc-ad}{c^2+d^2}i \quad (c+di\neq 0).$$

由此可见，两个复数相除（除数不为 0），所得的商是一个确定的复数.

在进行复数除法运算时，通常先把 $(a+bi)\div(c+di)$ 写成 $\frac{a+bi}{c+di}$ 的形式，再把分子与分

母都乘以分母的共轭复数 $c-di$，化简后就可得到上面的结果．这与作根式除法时的处理是很类似的．在作根式除法时，分子分母都乘以分母的“有理化因式”，从而使分母“有理化”．这里分子分母都乘以分母的“实数化因式”（共轭复数），从而使分母“实数化”．

例 4　计算 $(1+2\mathrm{i})\div(3-4\mathrm{i})$.

解： $(1+2\mathrm{i})\div(3-4\mathrm{i})=\dfrac{1+2\mathrm{i}}{3-4\mathrm{i}}$

$$=\frac{(1+2\mathrm{i})(3+4\mathrm{i})}{(3-4\mathrm{i})(3+4\mathrm{i})}=\frac{3-8+6\mathrm{i}+4\mathrm{i}}{3^2+4^2}$$

$$=\frac{-5+10\mathrm{i}}{25}=-\frac{1}{5}+\frac{2}{5}\mathrm{i}.$$

练　习

1. 计算：

   (1) $(7-6\mathrm{i})(-3\mathrm{i})$;　　(2) $(3+4\mathrm{i})(-2-3\mathrm{i})$;

   (3) $(1+2\mathrm{i})(3-4\mathrm{i})(-2-\mathrm{i})$.

2. 计算：

   (1) $(\sqrt{3}+\sqrt{2}\mathrm{i})(-\sqrt{3}+\sqrt{2}\mathrm{i})$;　　(2) $(1-\mathrm{i})^2$;

   (3) $\mathrm{i}(2-\mathrm{i})(1-2\mathrm{i})$.

3. 计算：

   (1) $\dfrac{1+\mathrm{i}}{1-\mathrm{i}}$;　　(2) $\dfrac{1}{\mathrm{i}}$;

   (3) $\dfrac{7+\mathrm{i}}{3+4\mathrm{i}}$;　　(4) $\dfrac{(-1+\mathrm{i})(2+\mathrm{i})}{-\mathrm{i}}$.

习题3.2

A 组

1. 计算：

(1) $(6-5\mathrm{i})+(3+2\mathrm{i})$；

(2) $5\mathrm{i}-(2+2\mathrm{i})$；

(3) $\left(\frac{2}{3}+\mathrm{i}\right)+\left(1-\frac{2}{3}\mathrm{i}\right)-\left(\frac{1}{2}+\frac{3}{4}\mathrm{i}\right)$；

(4) $(0.5+1.3\mathrm{i})-(1.2+0.7\mathrm{i})+(1-0.4\mathrm{i})$.

2. 在复平面内，复数 $6+5\mathrm{i}$，$-3+4\mathrm{i}$ 对应的向量分别是$\overrightarrow{OA}$，$\overrightarrow{OB}$，其中 O 是原点，求向量$\overrightarrow{AB}$，$\overrightarrow{BA}$对应的复数.

3. $ABCD$ 是复平面内的平行四边形，A，B，C 三点对应的复数分别是 $1+3\mathrm{i}$，$-\mathrm{i}$，$2+\mathrm{i}$，求点 D 对应的复数.

4. 计算：

(1) $(-8-7\mathrm{i})(-3\mathrm{i})$；

(2) $(4-3\mathrm{i})(-5-4\mathrm{i})$；

(3) $\left(-\frac{1}{2}+\frac{\sqrt{3}}{2}\mathrm{i}\right)(1+\mathrm{i})$；

(4) $\left(\frac{\sqrt{3}}{2}\mathrm{i}-\frac{1}{2}\right)\left(-\frac{1}{2}+\frac{\sqrt{3}}{2}\mathrm{i}\right)$.

5. 计算：

(1) $\frac{2\mathrm{i}}{2-\mathrm{i}}$；

(2) $\frac{2+\mathrm{i}}{7+4\mathrm{i}}$；

(3) $\frac{1}{(2-\mathrm{i})^2}$；

(4) $\frac{5(4+\mathrm{i})^2}{\mathrm{i}(2+\mathrm{i})}$.

6. 已知 $2\mathrm{i}-3$ 是关于 x 的方程 $2x^2+px+q=0$ 的一个根，求实数 p，q 的值.

B 组

1. 利用公式 $a^2+b^2=(a+b\mathrm{i})(a-b\mathrm{i})$，把下列各式分解成一次因式的积：

(1) x^2+4；

(2) a^4-b^4.

2. 有条件的学校，使用信息技术手段进行试验：尝试在复数集中对实系数多项式进行因式分解，观察并记录所发现的规律.

代数基本定理

借助计算器或计算机，我们可以发现这样一个现象：对于随机生成的多项式，在复数集中最终都可以分解成一次因式的乘积，一次因式的个数（包括重复因式）当然就是被分解的多项式的次数．设想一下，如果这是一条普遍的规律，那么它揭示了复数集什么样的优越性呢？

代数基本定理（fundamental theorem of algebra）：任何 $n(n\in\mathbf{N}^*)$ 次复系数多项式 $f(x)$ 至少有一个复数根．

代数基本定理的证明方法有很多种，因为每种证法都要涉及高等数学知识，此处不作介绍．有兴趣的同学可以查阅有关资料．

下面我们从代数基本定理出发，看看能得到一些怎样的结论．

你能说明下面结论成立的理由吗？

（1）任何 n（$n\in\mathbf{N}^*$）次复系数多项式 $f(x)$ 在复数集中可以分解为 n 个一次因式的乘积．进而，n 次多项式有 n 个复数根（重根按重数计）．

（2）如果虚数 $a+bi$ 是实系数一元 n 次方程

$$a_nx^n+a_{n-1}x^{n-1}+\cdots+a_1x+a_0=0$$

的根，那么它的共轭虚数 $a-bi$ 也是方程的根（“虚根成对”）．

（3）根与系数之间的关系

设实系数一元二次方程

$$a_2x^2+a_1x+a_0=0$$

在复数集 $\mathbf{C}$ 内的根为 x_1，x_2，容易得到

$$\begin{cases}x_1+x_2=-\dfrac{a_1}{a_2},\\ x_1x_2=\dfrac{a_0}{a_2}.\end{cases}$$

设实系数一元三次方程

$$a_3x^3+a_2x^2+a_1x+a_0=0 \quad ①$$

在复数集 $\mathbf{C}$ 内的根为 x_1，x_2，x_3，可以得到，方程①可变形为

$$a_3(x-x_1)(x-x_2)(x-x_3)=0,$$

展开得

$$a_3x^3-a_3(x_1+x_2+x_3)x^2+a_3(x_1x_2+x_1x_3+x_2x_3)x-a_3x_1x_2x_3=0, \quad ②$$

比较①②可以得到

$$\begin{cases} x_1+x_2+x_3=-\dfrac{a_2}{a_3}, \\ x_1x_2+x_1x_3+x_2x_3=\dfrac{a_1}{a_3}, \\ x_1x_2x_3=-\dfrac{a_0}{a_3}. \end{cases}$$

如果实系数一元四次方程

$$a_4x^4+a_3x^3+a_2x^2+a_1x+a_0=0$$

在复数集 **C** 内的根为 x_1，x_2，x_3，x_4，那么它们与方程的系数之间有什么关系呢？对上述方程，如果系数是复数，那么根与系数的这些关系仍然成立吗？

小结

一、本章知识结构

二、回顾与思考

1. 复数系是在实数系的基础上扩充而得到的. 数系扩充的过程体现了实际需求与数学内部的矛盾（数的运算规则、方程求根）对数学发展的推动作用，同时也体现了人类理性思维的作用. 请你收集一些从实数系扩充到复数系的数学史料，并对“整数⟶分数（有理数）⟶实数⟶复数”的数系扩充过程进行整理.

2. 学习复数应联系实数，注意到复数事实上是一对有序实数，请比较实数、虚数、纯虚数、复数之间的区别和联系，比较实数和复数的几何意义的区别.

3. 你对复数四则运算法则规定的合理性，以及复数代数形式的加、减运算与向量的加、减运算的一致性有什么体会?

4. 在学习本章时，应注意复数与实数、有理数的联系，复数及其代数形式的加、减运算与平面向量及其加、减运算的联系，还应注意复数及其代数形式的加法、减法、乘法运算与多项式及其加法、减法、乘法运算的联系. 这些关系可以用以下框图表示：

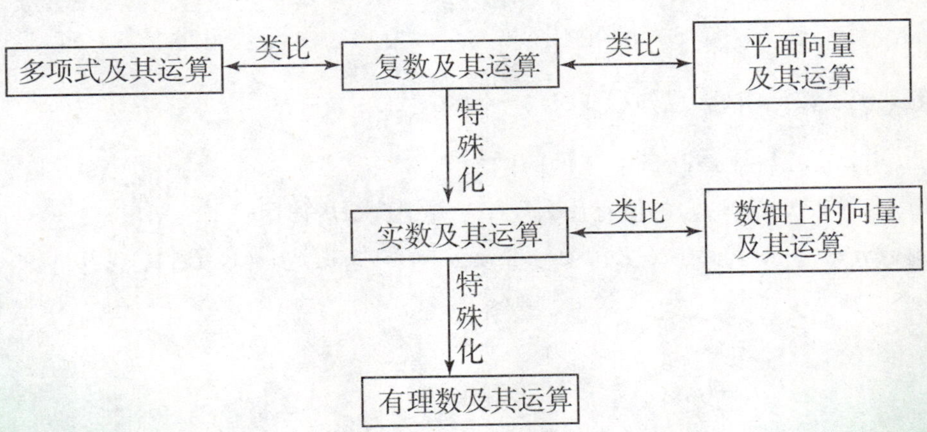

复习参考题

A 组

1. 选择题：

(1) 复数 $a+bi$ 与 $c+di$ 的积是实数的充要条件是（　　）.

(A) $ad+bc=0$　　(B) $ac+bd=0$　　(C) $ac=bd$　　(D) $ad=bc$

(2) 复数$\frac{5}{i-2}$的共轭复数是（　　）.

(A) $i+2$　　(B) $i-2$　　(C) $-2-i$　　(D) $2-i$

(3) 当$\frac{2}{3}<m<1$时，复数 $m(3+i)-(2+i)$ 在复平面内对应的点位于（　　）.

(A) 第一象限　　(B) 第二象限　　(C) 第三象限　　(D) 第四象限

(4) 复数$\left(\frac{1}{2}+\frac{\sqrt{3}}{2}i\right)^3$的值是（　　）.

(A) $-i$　　(B) i　　(C) -1　　(D) 1

2. 已知复数 z 与 $(z+2)^2-8i$ 都是纯虚数，求 z.

3. 已知 $z_1=5+10i$，$z_2=3-4i$，$\frac{1}{z}=\frac{1}{z_1}+\frac{1}{z_2}$，求 z.

B 组

1. 把复数 z 的共轭复数记作 $\bar{z}$，已知 $(1+2i)\bar{z}=4+3i$，求 z 及 $\frac{z}{\bar{z}}$.

2. (1) 试求 i^1，i^2，i^3，i^4，i^5，i^6，i^7，i^8 的值；

(2) 由 (1) 推测 i^n ($n\in\mathbf{N}^*$) 的值有什么规律？并把这个规律用式子表示出来.

3. 已知复数 $z_1=m+(4-m^2)i$ ($m\in\mathbf{R}$)，$z_2=2\cos\theta+(\lambda+3\sin\theta)i$ (λ，$\theta\in\mathbf{R}$)，并且 $z_1=z_2$，求 λ 的取值范围.

后　记

为了全面贯彻党的教育方针，适应时代发展的需要，为学生的终身发展奠定基础，根据教育部制订的普通高中各学科课程标准（实验），人民教育出版社课程教材研究所编写的各学科普通高中课程标准实验教科书，得到了诸多教育界前辈和各学科专家学者的热情帮助和大力支持. 在各学科教科书终于同课程改革实验区的师生见面时，我们特别感谢担任教科书总顾问的丁石孙、许嘉璐、叶至善、顾明远、吕型伟、王梓坤、梁衡、金冲及、白春礼、陶西平同志，感谢担任教科书编写指导委员会主任委员的柳斌同志和编写指导委员会委员的江蓝生、李吉林、杨焕明、顾泠沅、袁行霈等同志.

根据教育部制订的《普通高中数学课程标准（实验）》，我们聘请北京师范大学刘绍学教授为主编，与高中数学课程标准研制组的部分成员、大学数学教师、数学教育理论工作者、中学数学教研员和数学教师共同组成编写委员会，编写了这套数学实验教科书. 这里特别要感谢北京师范大学数学科学学院领导对本套教科书编写工作的高度重视和大力支持，同时还要感谢所有对本套教科书提出修改意见，提供过帮助与支持的专家、学者和教师，以及社会各界朋友.

本册教科书是编委会全体成员集体智慧的成果. 除已列出的主要编写者外，参加本册教科书讨论的还有：刘绍学、刘意竹、田载今、李建华、张伟卓等.

我们还要感谢使用本套教材的实验区的师生们. 希望你们在使用本套教材的过程中，能够及时把意见和建议反馈给我们，对此，我们将深表谢意. 让我们携起手来，共同完成教材建设工作. 我们的联系方式如下：

电话：（010）58758330

E-mail：jcfk@pep. com. cn　lilc@pep. com. cn

人民教育出版社　课程教材研究所

中学数学课程教材研究开发中心